Marcus Stelter

Untersuchung des Dehnungsübertragungsverhaltens geklebter faseroptischer Sensoren

GRIN Verlag

Bibliografische Information der Deutschen Nationalbibliothek:

Die Deutsche Bibliothek verzeichnet diese Publikation in der Deutschen Nationalbibliografie; detaillierte bibliografische Daten sind im Internet über http://dnb.d-nb.de/ abrufbar.

Impressum:

Druck und Bindung: Books on Demand GmbH, Norderstedt Germany
ISBN: 978-3-640-86160-6

Dieses Buch bei GRIN:

http://www.grin.com/de/e-book/46255/untersuchung-des-dehnungsuebertragungs-verhaltens-geklebter-faseroptischer

Diplomarbeit zur Erlangung
des akademischen Grades
Diplom-Ingenieur (FH)
an der
Fachhochschule für Technik
und Wirtschaft, Berlin

Untersuchung des Dehnungsübertragungsverhaltens geklebter faseroptischer Sensoren

Fachbereich 1
Ingenieurwissenschaften 1

Studiengang Mikrosystemtechnik

Durchgeführt in Zusammenarbeit mit der
Bundesanstalt für Materialforschung und –prüfung (BAM)

Eingereicht von
Marcus Stelter

Abgabedatum: 01.08.2005

Inhaltsverzeichnis Seite

1. Einleitung

Den faseroptischen Sensoren wird bereits seit einiger Zeit große Aufmerksamkeit zuteil. Unter dem Leitwort „Materialprüfung“ sind in diesem Zusammenhang eine kaum überschaubare Anzahl an Forschungsberichten und Fachartikeln entstanden. Diese Aufmerksamkeit ist begründet, denn die Prüfung von Bauteilen im Bauwesen auf ihre Integrität und Tragfähigkeit hat heute einen hohen Stellenwert erreicht. Darüber hinaus werden Fasersensoren zusehends in Überwachungs- und Diagnosesystemen für die Industrie- und die Verkehrstechnik integriert. Im Mittelpunkt steht die Echtzeit-Zustandsüberwachung und Schadensfrüherkennung.

Insbesondere die mechanische Beanspruchung (Materialdehnung) und die Temperaturentwicklung an kritischen Stellen sind hierbei von Interesse. In Folge dessen können Rückschlüsse auf die Belastung und somit die Lebensdauer von z. B. Anlagen getätigt werden [1]. Entsprechend ist die mechanische Dehnung wesentliches Ziel messtechnischer Anwendungen. Der Vorteil optischer Sensoren liegt in ihrem hohen Auflösungsvermögen. Die Kopplung von Mechanik und Optik bedeutet im Prinzip die Beeinflussung eines gegebenen optischen Strahlengangs mit einer Längenänderung der Laufstrecke. Je nach Art des Sensors werden unterschiedliche optische Effekte genutzt. Die messbaren Eigenschaften einer Lichtwelle sind Intensität, Wellenlänge, Laufzeit, Phasenlage oder Polarisationszustand. Im Fokus dieser Arbeit stehen Fabry-Pérot-Interferometer und Faser-Bragg-Gitter als optische Dehnungssensoren. Zu Beginn der Arbeit werden sie im Aufbau und ihrer Funktion erläutert. Innerhalb der praxisnahen Ausführungen sind dann die erforderlichen Messtechnologien und die Ausgabedaten beschrieben. Größte Aufmerksamkeit wird z. Z. den eingebetteten Fasersensoren zu Teil. Sie sind integriert in Verbundwerkstoffe oder Betonbauteile. Faser-Bragg-Gitter Sensoren (FBG) werden vielfach für die statische bzw. quasistatische Überwachung von baustofftechnischen Veränderungen im Fertigungsprozess [2], oder während struktureller Belastung über einen großen Zeitraum hinweg verwendet. Dynamische Untersuchungen mit größeren Abtastraten der Messsignale lassen sich, gerätetechnisch bedingt, dagegen nur bis zu einigen zehn Kilohertz realisieren. FBG Sensoren basieren auf dem Effekt der Interferenz-Reflexion phasengleicher Teilreflexe einer bestimmten Wellenlänge [3]. Die Teilreflexe einer breitbandigen Strahlung entstehen an periodisch variierenden Brechzahlbereichen im Faserkern.

Die alternative Messmethode ist das Konzept des Fabry-Pérot-Interferometers. Sie nutzt die Mehrfachreflexion monochromatischer Strahlung an zwei planparallelen teildurchlässigen

Spiegeln. Bei diesen Fasersensoren handelt es sich dabei um die Stirnflächen zweier Lichtwellenleiterfasern. Mit der Änderung des Spiegelabstands entstehen im Strahlengang Intensitätsschwankungen. Geeignete Fotodetektoren ermöglichen es, Veränderungen in der Lichtintensität sehr hoch aufzulösen. Im spezifischen Anwendungsfall sind die Periodenlänge der Signalwelle und die Messbasis eines interferometrischen Sensors bekannt. Dehnungen lassen sich daher präzise bestimmen. Messtechnisch können Signale extrinsischer Fabry-Pérot-Interferometer (EFPI) bis in den Megaherz-Bereich verarbeitet und aufgezeichnet werden. Somit eignen sie sich besonders für dynamische, zeitlich kontinuierliche Untersuchungen. Zwei Sensorbauformen sind hier von Interesse: flexible und feste EFPI-Sensoren.

Die Einbettung eines Fasersensors ist nicht für jede Anwendung (z. B. in Metallen) realisierbar. Die Applizierung (Klebung) auf einer Bauteiloberfläche oder einem Trägermaterial erweist sich in mancher Hinsicht als geeigneter. In dieser Arbeit wird eine Untersuchung hinsichtlich der möglichen Gestaltungsvarianten von Klebungen mit den genannten Fasersensoren auf einer Stahloberfläche durchgeführt. Mit einem Überblick auf die bekannten Klebstoffgrundtypen folgt, bezogen auf die Anwendungsproblematik, eine Diskussion über die Kriterien für eine geeignete Klebstoffauswahl. Zusammen mit den experimentellen Untersuchungen soll der Einfluss der Klebung auf das Sensorverhalten geklärt werden. Die Ergebnisse werden einer analytischen Betrachtung gegenübergestellt. Ziel ist es, die Genauigkeit des entwickelten Modells im Bezug auf manuell gefertigte Versuchsproben nachzuweisen.

Perspektivisch werden weitergehende Zielsetzungen formuliert, um einerseits die gewonnenen Erkenntnisse zu erweitern und die Modellvorstellung unter Berücksichtigung zusätzlicher Parameter zu vervollständigen.

2. Theoretische Grundlagen

2.1. Faseroptische Sensoren

2.1.1. Applikationen

Der Vortrieb für die Entwicklung faseroptischer Sensoren zur Messung von Materialverformungen geschieht durch die vielfältigen Anwendungsmöglichkeiten. Dies führte zu einer breiten Palette an Sensorkonzepten. Eine Zusammenfassung wesentlicher Entwicklungsschritte in der Technik wird in [2] anhand von Anwendungsfällen präsentiert. Bezogen auf die Einordnung von Dehnungssensoren in die Fülle der denkbaren Systemkonfigurationen ist dort ebenso eine Übersicht gegeben.

Von einem Fasersensor ist die Rede, sobald eine Messgröße Einfluss auf einen Lichtwellenleiter nimmt und dessen Übertragungseigenschaften verändert. Ausgehend von einem Sender erfährt das Ausgangssignal im sensitiven Bereich der Übertragungsstrecke eine Modulation und wird letztlich am Empfänger detektiert. Mit „intrinsisch" bezeichnet man Sensoren, bei denen die Messgröße unmittelbar auf die Signalübertragung im Faserkern einwirkt. Anordnungen in denen mit zusätzlichen sensitiven Elementen gearbeitet werden, die also eine Unterbrechung der Faser erfordern, werden mit „extrinsisch" bezeichnet. Wichtig ist jedoch, dass die Abmessungen der sensitiven Elemente in der Dimension der Faser verbleiben.

An dieser Stelle sei noch einmal darauf hingewiesen: Lediglich zwei Gruppen von optischen Fasersensoren kommen in den durchgeführten Versuchen zur Anwendung. Deren wesentliches Merkmal ist ihr hohes Auflösungsvermögen aber mit lokal begrenzter Wahrnehmung. Lokal begrenzt deswegen, da die jeweilige Messbasis (Messbereich) auf wenige Millimeter beschränkt ist. In der Praxis besteht häufig Unkenntnis über die tatsächliche Belastung eines deutlich größeren Messobjekts. Ist möglicherweise noch eine inhomogene Materialstruktur zu berücksichtigen, sind ungleiche innere Belastungsverteilungen zu erwarten. Demnach kann mit einem Sensor selten auf das Verhalten des gesamten Messobjekts geschlossen werden. Infolgedessen geht die Entwicklung der Dehnungsmessung dahin, optische Sensoren in Netzwerken zu verknüpfen und diese für bauteilintegrierte Strukturmessungen zu nutzen.

Wie bereits angedeutet, besteht eine Integrationsmöglichkeit in der unmittelbaren Sensoreinbettung in eine Materialstruktur. Weitergehend existieren Konzepte zur Verbesserung der Wahrnehmung einzelner Sensoren in großen Bauteilvolumina: Eingebettet werden sollen Trägerelemente aus Stahl, auf denen optische Dehnungsaufnehmer befestigt sind. Nachfolgend wird auf die Sensoren näher eingegangen. Die Problematik der Befestigung ist wesentlicher Bestandteil dieser Arbeit und wird in den späteren Kapiteln behandelt.

2.1.2. Interferometrische Fabry-Pérot Sensoren

Grundlagen

Befinden sich im Strahlengang einer kohärenten monochromatischen Lichtwelle zwei planparallele teildurchlässige Spiegelebenen, treten in Folge dessen Teilreflektionen zwischen den Spiegeln auf. Im Resonatorraum zwischen den Ebenen entstehen Mehrfachreflexionen. Abhängig vom Reflexion-Transmission-Verhältnis verlässt ein Teil der Strahlung den Zwischenraum. Am Ausgang des Resonators bildet sich eine Lichtwelle in der Intensität der überlagerten transmittierten Teilwellen. Der Abstand der Reflexionsebenen zueinander bedingt Laufzeitunterschiede zwischen den Reflexionen an der ersten Spiegelebene und denen am zweiten Spiegel. Mit dieser Phasenverschiebung gehen die reflektierten Wellenanteile in eine interferierende Wellenfront über. Das Interferenzsignal ist als Streifenmuster in der Helligkeit wahrnehmbar.

Die Intensitätsschwankung wird durch eine Veränderung im Abstand der Reflexionsebenen beeinflusst. Der Signalbereich zwischen maximaler Lichtintensität und vollständiger Auslöschung steht prinzipiell für Sensoranwendungen zur Verfügung. Mit geeigneten Fotodetektoren ist laut [2] nach einer A/D-Wandlung für eine Wellenlänge von 870 nm eine theoretische Auflösung von 0,2175 pm erreichbar.

Faseroptische Sensoren nach dem Prinzip der Fabry-Pérot-Interferometrie lassen sich in verschiedenen Bauformen realisieren. Unterschieden werden hier extrinsisch feste und flexible Fabry-Pérot-Interferometer Sensoren.

Feste EFPI-Sensoren

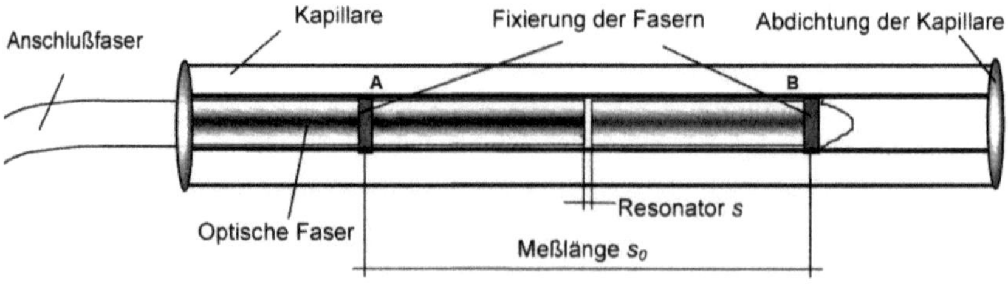

Abb. 2.1-1, Schematische Ansicht eines festen EFPI-Sensors [2]

Zwei Faserenden, eingeführt in einer Glaskapillare, bilden mit ihren gegenüberliegenden Stirnflächen teilreflektierende Spiegel. Beide Fasern sind in dem Hohlrohr fixiert. Die Befestigung erfolgt durch Verschweißen von Faser und Kapillare. Die Materialverwandtschaft gestattet eine stoffschlüssige Verbindung und somit eine zuverlässige Fixierung [2]. Die Messlänge dieses Sensoraufbaus ist mit dem Abstand der Fixpunkte A und B gegeben. Eine axiale Verformung der Glaskapillare bewirkt die Verschiebung beider Fasern, der Spiegelabstand verändert sich. Die Dehnung ε der Kapillare ist also die Abstandsänderung Δs bezogen auf die Messlänge s_0.

$$\varepsilon_{sensor} = \frac{\Delta s}{s_0} \qquad \text{(Gl. 2.1-1)}$$

Selbst unter der Annahme, dass durch den Verbund von Sensor und Messobjekt eine vollständige Dehnungsübertragung erfolge, lässt sich herstellungsbedingt eine systematische Fehlmessung nicht ausschließen. Die Breite jeder Fixierung (ca. 200µm) ist mit einer Unschärfe versehen. Beim Schweißen im Lichtbogen bewirken Kapillarkräfte lokal ein Verfließen der Schmelze im Hohlrohr. Die Fixierung der Faser ist daher an der Innenwand der Kapillare in der Breite der Kontaktfläche nicht homogen. Die Bestimmung der absoluten Messlänge wird dadurch erschwert. Mit den verfügbaren Mitteln ist eine genaue Vermessung der Geometrie nicht möglich, der Einfluss wird aber mit ca. drei Prozent angenommen.
Mit der Fertigungstoleranz geht eine verringerte Auflösung des Sensors einher.

Flexible EFPI-Sensoren

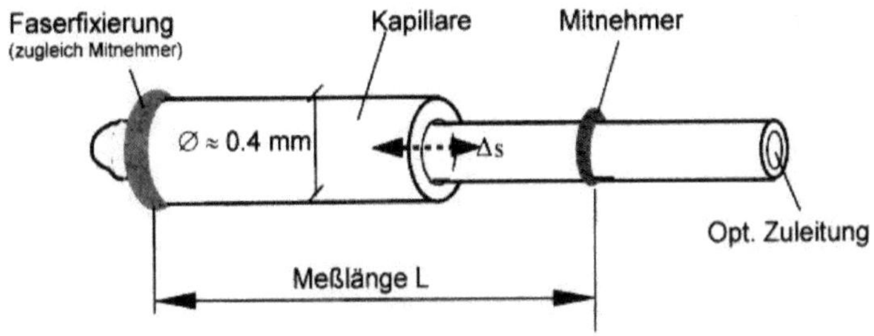

Abb. 2.1-2, Schematische Ansicht eines flexiblen EFPI-Sensors [2]

Diese Bauform sieht eine beweglich gelagerte Glasfaser in der Kapillare vor. Wie bei der ersten Variante ist ein Spiegel im Hohlrohr fixiert. Der bewegliche Spiegel am Ende der Zuleitungsfaser wird zur Signalerzeugung unmittelbar verschoben. Der Faserabschnitt im

Rohr ist von der Schutzummantelung (Coating) befreit, um eine Haftung an der Innenwand zu vermeiden.

Hier wird die Messlänge nicht in der Kapillare definiert, sondern über die direkte Montage auf einem Messobjekt. Sie ist beispielsweise mit zwei Klebestellen für das Röhrchen und die bewegliche Faser gegeben. Die Problematik der Fertigungstoleranz ist an dieser Stelle von großer Bedeutung. Das Sensorverhalten unter dem Aspekt der Klebung zu ermitteln und deren Reproduzierbarkeit ist von Interesse. Allerdings werden sie nicht Bestandteil der nachfolgenden Untersuchungen sein.

2.1.3. Faser-Bragg-Gitter Sensoren

Grundlagen

Als faseroptisches Bragg-Gitter wird die periodische Modulation der Brechzahl in einem Abschnitt der Kernfaser eines Lichtwellenleiters (LWL) bezeichnet. Die Gestaltung eines Gitters ist in Periodenlänge, Amplitude und Gesamtlänge variabel [3]. Üblich sind jedoch Gitterlängen von einigen Millimetern, eingebracht in einer Monomode-Glasfaser. Die typische Brechzahländerung ist in der Größenordnung von $\Delta n = 10^{-3}$ realisiert.

Namentlich geht die das Sensorkonzept auf den Physiker W. H. Bragg zurück, der die Beugungserscheinungen von Röntgenstrahlung an den Netzebenen von Kristallen untersuchte. Der optische Effekt eines solchen Gitters im Strahlengang einer Glasfaser ist mit den Reflexionserscheinungen an atomaren Kristallstrukturen vergleichbar [4].

Trifft das Licht einer Quelle mit breitbandigem Spektrum auf solch ein Bragg-Gitter, entstehen für eine bestimmte Wellenlänge Teilreflexionen an jeder Ebene. Diese interferieren bei Phasengleichheit zu einer intensiven Überlagerung. Die reflektierte Wellenlänge λ_B und der Gitterabstand Λ sind proportional zueinander und werden mit der Braggschen Reflexionsbedingung in ein Verhältnis gesetzt:

$$\lambda_B = 2 \cdot \Lambda \cdot n_{eff} \qquad \text{(Gl. 2.1-2)}$$

n_{eff} – effektive Brechzahl des FBG;

Jede Lichtwelle, die von dieser Bedingung nicht erfasst wird, passiert das Gitter ohne Beeinflussung. Im Resultat erhält man an beiden Enden der Faser ein charakteristisches Reflexions- bzw. Transmissionsspektrum (vgl. Abb. 2.1-3).

Die Sensorfunktion eines FBG entsteht mit der Einflussnahme auf die Reflexionsbedingung. Erfährt die Faser eine mechanische Kraftwirkung entlang ihrer Achse, wird das innere Brechzahlgitter gedehnt. Der Abstand zwischen den Ebenen verändert sich und somit die reflektierte Wellenlänge. Mit einem Spektrumanalysator sind langsame Verformungen als

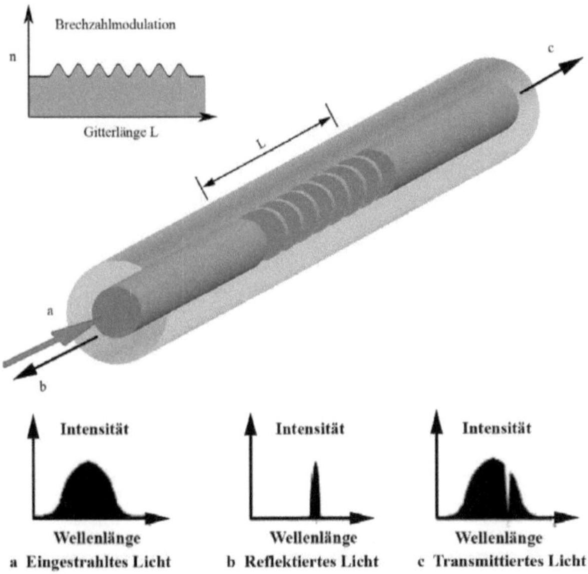

Abb. 2.1-3, Schematische Ansicht eines Faser-Bragg-Gitters und dessen Signalmodulation im Lichtdurchgang, lt. [2] und [11]

„wandernder" Signalpeak wahrnehmbar. Aus der Verschiebung der Wellenlänge $\Delta\lambda_B = \lambda_{B,1} - \lambda_{B,0}$ bezogen auf die Wellenlänge im unbelasteten Zustand $\lambda_{B,0}$ ist die absolute Dehnung ε zu bestimmen.

$$\varepsilon \cdot K = \frac{\Delta\lambda_B}{\lambda_{B,0}} - (\alpha + \xi)\Delta T \qquad \text{(Gl. 2.1-3)}$$

Der Faktor K ist ein Korrekturwert, der materialspezifisch die Wellenlängenverschiebung in das Verhältnis mit einer wirkenden Materialverformung setzt. Dieser Wert ergibt sich aus der fotoelastischen Konstante p_e, die sich abhängig von Material und Wirkungsrichtung aus den Komponenten des fotoelastischen Tensors berechnet:

$$p_e = \frac{n_{eff}^2}{2} \cdot \left[p_{12} - \nu(p_{11} + p_{12})\right] \qquad \text{(Gl. 2.1-4)}$$

$$K = 1 - p_e \qquad \text{(Gl. 2.1-5)}$$

Die thermische Abhängigkeit findet sich im Ausdehnungskoeffizienten α ($0{,}55 \cdot 10^{-6}\ K^{-1}$) und im thermo-optischen Koeffizienten ξ (6,3 bis $8{,}6 \cdot 10^{-6}\ K^{-1}$) wieder. Letzterer beschreibt die Temperaturabhängigkeit des Brechungsindexes.

Herstellung

Grundsätzlich werden faseroptische Bragg-Gitter mittels UV-Licht in eine Faser eingeschrieben. Dazu wird ein Effekt (Fotosensitivität) ausgenutzt, der Germanium dotierte Glasfasern unter Einwirkung von kurzwelligem Licht in ihrer Brechzahl verändert [3]. Übliche Lichtquellen sind gepulste Excimer-Laser. Eine angewandte Technik für das Einbringen von Bragg-Gittern in Fasern ist die seitliche Belichtung der Faser in Verbindung mit Phaseninterferenzmasken. Zum einen haben diese den Vorteil der guten Reproduzierbarkeit. Die Anforderungen an die Kohärenz einer Lichtquelle sind eher gering. Ohne großen Aufwand lassen sich beliebige Gitterlängen realisieren. Andererseits erfordert jede Gittervariante mit unterschiedlicher Gitterperiode oder Gitterlänge eine eigens hergestellte Maske und ist daher teurer. Eine weitere Herstellungsvariante ist in Abb. 2.1-4 dargestellt. Bragg-Gitter werden direkt in die Glasfaser geschrieben. D.h., das Coating muss zuvor lokal entfernt und im Anschluss wieder aufgebracht werden. Mit der Bearbeitung ist eine Verschlechterung der mechanischen Eigenschaften die Folge. Entsprechend ist die Belastbarkeit von FBG-Sensoren geringer als die der übrigen Anschlussleitungen.

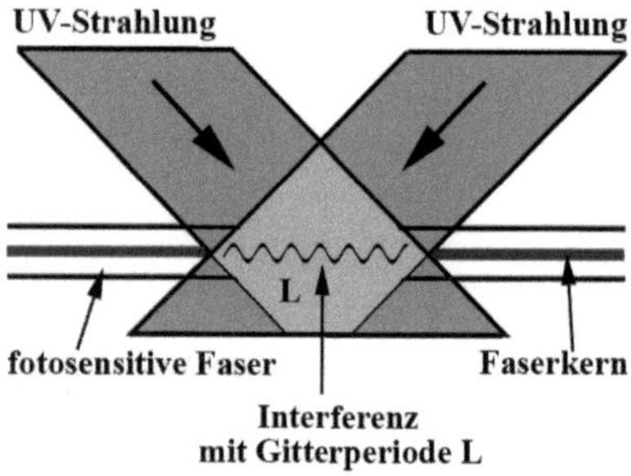

Abb. 2.1-4, Phaseninterferenz-Technik zum Einschreiben von Bragg-Gittern in den Kern optischer Fasern. Zwei UV-Strahlenbündel gleicher Wellenlänge überlagern sich gerade in der Kernfaser. Die Intensitätsmaxima sind im Abstand L entsprechend der einzustellenden Gitterlänge. Abb. nach [3]

Auch hierfür gibt es eine alternative Technik: Unmittelbar nachdem die Glasfaser im Ziehturm-Verfahren hergestellt wurde, folgt das Schreiben der Gitter in die noch nackte Faser. Das nachträgliche Entfernen des Coatings zum Einschreiben wird in diesem Verfahren vermieden.

2.2. Oberflächenapplizierung faseroptischer Sensoren

Dieser Abschnitt der Arbeit bildet eine Zusammenstellung bereits publizierter Erkenntnisse in Bezug auf die Klebung optischer Fasern auf Oberflächen von Dehnungsprüfkörpern (Zugbänder und –stäbe). Im besonderen Interesse stehen Fragen zur Gestaltung der Klebung unter Berücksichtigung des mechanischen Verhaltens (Spannungsverteilung, Dehnungsübergang). Alle Berichte haben bei der Materialwahl ihrer Prüfkörper den Fokus auf metallische Sensorträger gesetzt. Das erleichtert die Vergleichbarkeit dahingehend, dass die jeweils vorausgesetzten mechanischen Eigenschaften ähnlich sind. Im Zusammenhang mit der Wahl geeigneter Klebstoffe werden in den nachfolgenden Kapiteln die relevanten Materialeigenschaften genauer betrachtet.

TRUTZEL [3] befasste sich mit der Untersuchung von FBG für die Anwendung als Dehnungssensoren in Verbundwerkstoffen. Seine Untersuchungen umfassen die FEM-Simulation des Klebeverbunds Glasfaser – Metall hinsichtlich der Klebelänge für einen homogenen Dehnungsverlauf und der Übertragung von Querdehnungen. Jedoch wird weniger dem Scherverhalten des Klebstoffs als vielmehr der Scherung des Fasercoatings Aufmerksamkeit zu Teil. Die Variation der Simulationen erstreckt sich über die Elastizitätsmoduln (E-Modul) von Coating und Klebstoff, sowie die Stärke der Faserbeschichtung.
Es wird gezeigt, dass im Dehnungsverlauf entlang der Faserachse über der Klebefläche lediglich in einem kurzen Abschnitt eine homogene Faserdehnung zu erzielen sei. Für Coatings mit sehr geringem E-Modul würde über die betrachtetet Klebelänge eine Strukturdehnung nur schwach übertragen, da die Beschichtung selber eine starke Verformung erfahre. Der Dicke des Coatings und dem E-Modul des Klebstoffs hat TRUTZEL keinen wesentlichen Einfluss zugeordnet. Mit Blick auf die Querempfindlichkeit von FBG-Sensoren könne die Belastung senkrecht zur Faser vernachlässigt werden da die Breite der Klebung verhältnismäßig gering sei.
Um eine bessere Dehnung in den Faserkern in der Länge zu übertragen, schlägt TRUTZEL eine deutliche Vergrößerung der Klebelänge vor. Im Hinblick auf anwendungsspezifische Möglichkeiten wäre dies eine Alternative zur Verstärkung des Elastizitätsmoduls. Für die Realisierung homogener Spannungsverläufe durch den Klebstoff sei ein dünner und gleichmäßiger Auftrag das wichtige Kriterium. Wenn im Gitterbereich die Klebung unvollständig ist oder sich im Betrieb löst, seien Störungen in der Sensorfunktion und der Signalübertragung die Folge.

SCHLATTNER, KLINK und SLOWIK [4] wenden sich in ihrem Forschungsbericht der Anwendung von FBG als Verformungssensoren zu. Vergleichend zu elektrischen Messtechniken werden die Vorteile von Fasersensoren in der „weitgehenden Kalibrierfreiheit“ des Messverfahrens gesehen. Nach Ansicht der Autoren von [4] entstünden keine Nachteile durch ein Driften der Messwerte, wodurch die Anwendungsmöglichkeit für Langzeitmessungen gegeben sei.
Unter der Vielzahl bekannter faseroptischer Dehnungssensoren werden vor allem FBG und - parallel dazu - EFPI für Messaufgaben mit Auflösungen von wenigen µm/m als geeignet angesehen. In den Untersuchungen wird u.a. die Temperaturabhängigkeit der charakteristischen Wellenlänge über ein Intervall von 0°C bis 70°C dargestellt. Der lineare Anstieg ist mit der Näherung

$$\frac{d\lambda_B}{dT} = 0{,}010\frac{nm}{K} \qquad \text{(Gl. 2.2-1)}$$

und einer Standardabweichung von ± 0,0002 $nm \cdot K^{-1}$ angegeben. Da Stahl einen größeren thermischen Ausdehnungskoeffizienten hat als Glas, steigt für oberflächenapplizierte Sensoren der Anstieg auf

$$\frac{d\lambda_B}{dT} = 0{,}022\frac{nm}{K} \qquad \text{(Gl. 2.2-2)}$$

In der Gestaltung der Sensorapplikation auf dem Zugstab, soll es sich als sinnvoll erweisen, eine Nut zu fräsen und darin die Faser mit Klebstoff einzubetten.

BETZ [5] beschreibt in seiner Arbeit über die Nutzung faseroptischer Sensoren für die Zustandsüberwachung von z.B. Fahrzeug- und Gebäudestrukturen die Montage faseroptischer Sensoren (FBG) in Verbindung mit einer Trägerfolie (Klebefolie), analog zu den bewährten Dehnungsmessstreifen. Der Vorteil bestünde in der verbesserten Handhabbarkeit des Klebeprozesses. Zudem könne so die gleichzeitige Montage mehrerer vorapplizierter Sensoren zum Zweck der mehrdimensionalen Dehnungsmessung mit ergänzender Temperaturmessung in einem einzigen Netzwerk realisiert

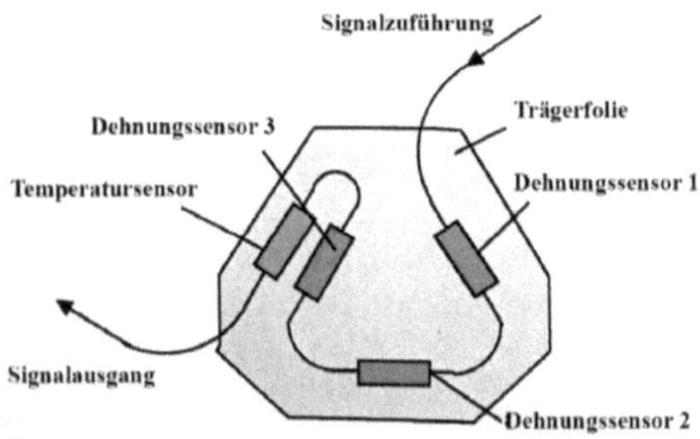

Abb. 2.2-1, FBG-Sensorarray, auf eine Trägerfolie appliziert [5]

werden. Eine FEM-Simulation analog zu [3] bestätige die von ihm getätigte Annahme, dass für eine größtmögliche Dehnungsübertragung die Höhe des Elastizitätsmoduls und die umso geringere Stärke der Folie („backing patch") entscheidend sei.

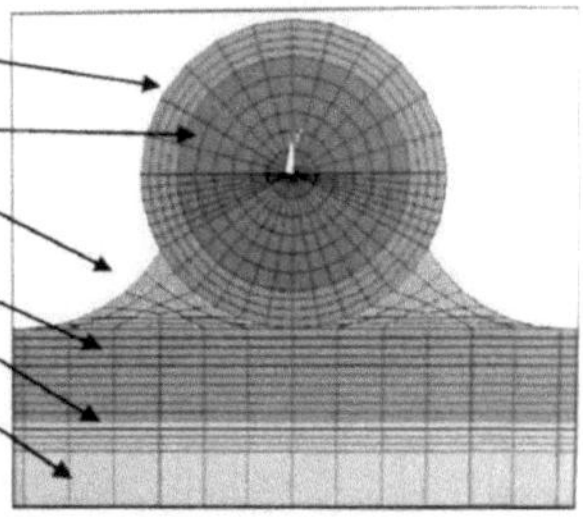

Abb. 2.2-2, FEM-Modell nach Betz [5]

YUAN und ZHOU [6] beschreiben ein mathematisches Modell zur Evaluierung des Dehnungsverhaltens in Beton eingebetteter Fasersensoren. Als optischer Sensor kommt hier ein Michelson-Weißlicht-Interferometer zur Anwendung. Das Prinzip beruht auf der Weglängenänderung im Strahlengang eines breitbandigen Lichtpulses gegenüber einem gekoppelten Referenzstrahl und dadurch einer messbaren Phasendifferenz, proportional zur einwirkenden Dehnung.

Im Blickpunkt der Untersuchungen steht das Verhältnis von Faserdehnung ε_F zu tatsächlicher Materialdehnung ε_M , dargestellt als funktionaler Übertragungsfaktor K(k,L):

$$\varepsilon_F = K(k,L) \cdot \varepsilon_M \qquad \text{(Gl. 2.2-3)}$$

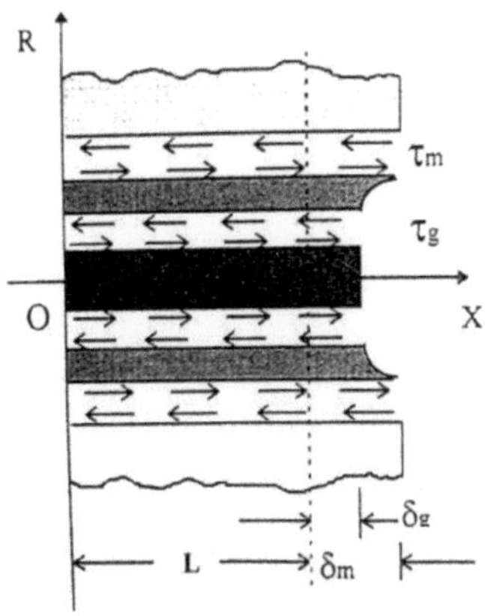

Abb. 2.2-3, Mathematisches Modell einer gebetteten Faser [6]; Dargestellt werden die Scherspannungen an den Schnittstellen von Glasfaser zu Coating (τ_g) und Coating zu umgebender Materialstruktur (τ_m) sowie die resultierenden Dehnungsverformungen von Faser (δ_g) und Struktur (δ_m) über den Radius R und der halben Messbasis der sensitiven Faser (L).

Der Ansatz für das analytische Modell ist in der obenstehenden Abbildung dargestellt. Betrachtet werden die Scherspannungen an den Schnittstellen zwischen Mantelfaser und

Coating, sowie Coating und Materialstruktur der Einbettung. YUAN und ZHOU zeigen, dass die Messempfindlichkeit wesentlich von der realisierten Messlänge 2L und dem materialbedingten Transferparameter k abhängig ist.

$$K(k,L) = 1 - \frac{\cosh(kL) - 1}{kL \cdot \sinh(kL)} \qquad \text{(Gl. 2.2-4)}$$

Bei der messtechnischen Untersuchung wären Fasern mit Polymercoating angewandt worden. Entsprechend gehen in k der E-Modul der Glasfaser E_G und der Polymer-Schubmodul G_P für die Übertragung der Scherspannung über den Wellenleiterradius ein:

$$k^2 = \frac{2 \cdot G_P}{r_G^2 \cdot E_G \cdot \ln\left(\frac{r_M}{r_G}\right)} \qquad \text{(Gl. 2.2-5)}$$

r_G → äußerer Radius des Fasermantels
r_M → äußerer Radius des Fasercoatings

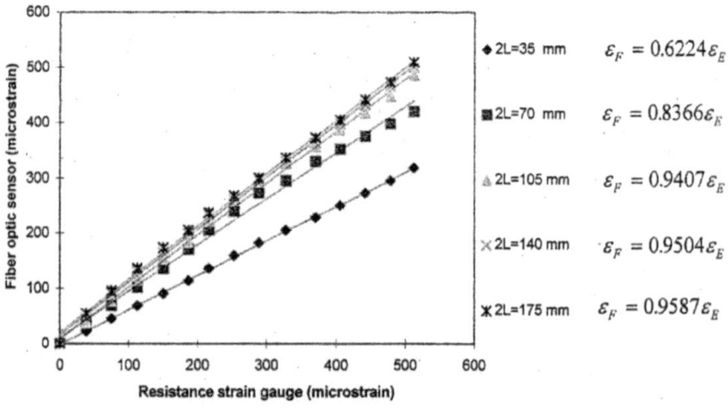

Abb. 2.2-4, Ergebnisdarstellung nach [6] für den Nachweis der Längenabhängigkeit der Dehnungsübertragung einer Klebung. Gegenübergestellt sind die gleichzeitigen Dehnungen geklebter optischer Fasern und Dehnungsmessstreifen (DMS) 2L = Messlänge der geklebten Faser; ε_F = Faserdehnung; ε_E = DMS-Dehnung;

Es könne eine annähernde Übereinstimmung des rechnerischen Übertragungsfaktors in Versuchsmessungen festgestellt werden. Die Abweichung erklären sich die Autoren mit dem Versuchsaufbau: Anstatt in Beton eingebettet, sind die sensitiven Fasern mit einem Epoxidharz-Klebstoff – der Typ ist nicht benannt - auf der Probenoberfläche befestigt worden. In diesem Fall wäre zusätzlich eine Scherdehnung im Klebstoff zu berücksichtigen. Versuchsweise sei die Materialdehnung mittels DMS bestimmt worden.

In Anlehnung an diese mathematische Modellanalyse, wird in Kapitel 2.3 eine Modifikation des Ansatzes für oberflächenapplizierte Fasern durchgeführt.

OLSON, LEUNG und MENG [7] befassen sich mit dem Dehnungsübergang an einer geklebten Faser, welche hier vollständig in Klebstoff eingebettet vorliegt. Analog zu [3] wird hier eine dreidimensionale FEM-Modellierung des Klebeverbunds vorgenommen.

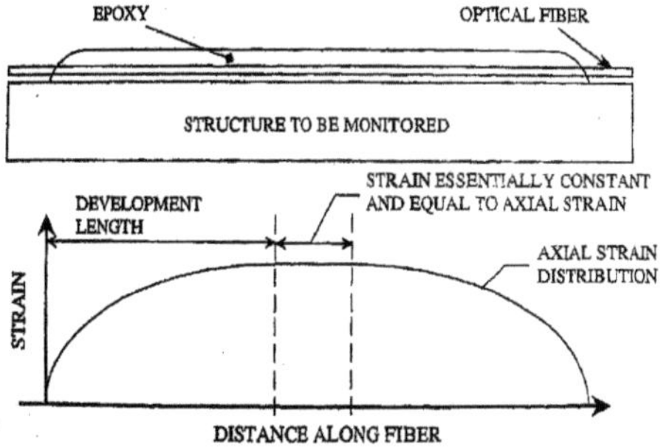

Abb. 2.2-5, Oberflächenapplizierte optische Faser, in Klebstoff vollständig eingebettet [7]

In experimentellen Untersuchungen verglichen werden Wellenleiter mit Coatings unterschiedlicher Hersteller, sowie eine nackte Glasfaser. Eingebettet würden sie in einen schnellhärtenden Epoxidharz-Klebstoff (unbenannter Typ).
Die FEM-Untersuchung, bezogen auf den Einfluss des Fasercoatings, zeigt in der Gegenüberstellung mit nackten Fasern erhebliche Differenzen. Das Coating erfährt eine starke Verformung, so dass im Kern eine reduzierte Dehnung wahrgenommen wird. Hinsichtlich der Klebstoffdicke unter der Faser, sei ein gegenläufiger Effekt mit der Dehnungsübertragung zu erkennen. Die Beteiligung des Klebstoffs oberhalb der optischen Faser an der Dehnungsübertragung kann vernachlässigt werden. In der Ergebnisanalyse weichen allerdings FEM-Modell und Experiment hinsichtlich der Klebelänge voneinander ab. Mit zunehmender Klebelänge könne die Differenz reduziert werden. An die Messwerte von Dehnmessstreifen kamen die Resultate der optischen Fasern jedoch nicht heran.

2.3. Analytische Untersuchungen

Analog zu der Beschreibung des Übertragungskoeffizienten („sensitivity coefficient") von YUAN und ZHOU [6] wird in diesem Kapitel ein analytisches Modell erstellt, um die Dehnungsübertragung durch eine Klebung zu beschreiben.
Dem physikalischen Problem sind folgenden Annahmen vorangestellt:

- Alle Materialien verhalten sich linear elastisch.
- Es liegen ideale Stoffverbindungen an den Kontaktflächen vor.
- Der Faserkern und der Fasermantel sind in ihren Eigenschaften gleich, können also als eine Glasfaser angesehen werden.
- Es wird vorausgesetzt, dass die Klebschicht nur Scherung erfährt.

Modellbeschreibung

Für die analytische Untersuchung soll im Folgenden ein idealisiertes Modell der Problematik angenommen werden. Eine optische Faser mit dem äußeren Radius r_f ist mit Klebstoff parallel zur planen Oberfläche auf dem Sensorträger befestigt. Der Koordinatenursprung befindet sich auf der Faserachse und genau auf der halben Klebelänge (l). Die Unterseite der Faser ist von

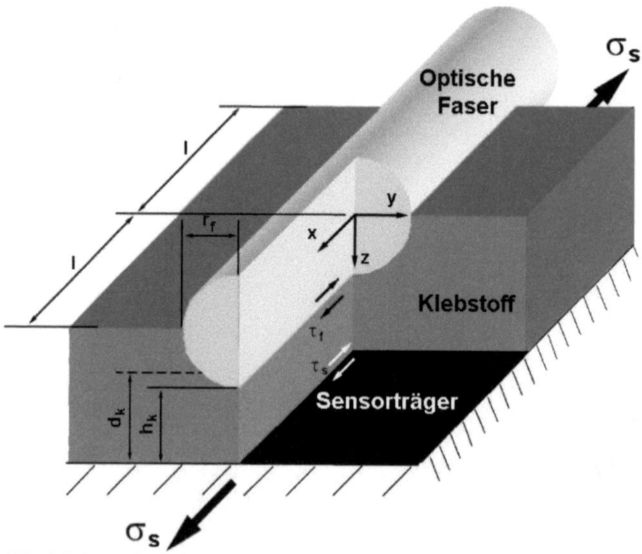

Abb. 2.3-1, Analytisches Modell
Länge der Klebung $2 \cdot l$; Abstand opt. Faser und Sensorträger h_k; effektive Klebstoffdicke d_k; Faserradius r_f; σ_s Zugspannung;

der Oberfläche um den Betrag h_k entfernt. Für die späteren Untersuchungen wird hier die effektive Schichtdicke d_k eingeführt. Sie ist erforderlich, da hier die gekrümmte Faseroberfläche der planen Trägerfläche gegenübersteht. Nachfolgend werden die Scherspannungen parallel zur Faserachse betrachtet. Die Effekte über den Radius der Faser sollen hier lediglich näherungsweise berücksichtigt werden.

$$d_k = r \cdot (1 - \frac{\pi}{4}) + h_k \qquad \text{(Gl. 2.3-1)}$$

Auf den Sensorträger wirkt eine externe Kraft, wodurch sich – es besteht Kenntnis über den Sensorträgerquerschnitt – eine bekannte Zugspannung σ_s herausbildet. Infolgedessen treten Scherspannungen an den Schnittstellen Sensorträger zu Klebstoff und Klebstoff zu Faser auf.

Modellberechnung

In der Annahme, dass die Faser keiner zusätzlichen externen Belastung unterliegt, wird der folgende Ansatz nach [6] gewählt:

$$\delta_s = \delta_f + \delta_k \qquad \text{(Gl. 2.3-2)}$$

δ_s und δ_f bezeichnen die Längenänderungen der Stahloberfläche und der Faser, während δ_k die Verschiebung der Klebschicht aufgrund der Scherkräfte angibt. Unter den vorangestellten Bedingungen existiert ein Kräftegleichgewicht der Scherkräfte von der Stahloberfläche ($\tau_s \cdot r_f \cdot l_0$) zu der Faser-Klebstoff-Kontaktfläche ($\tau_f \cdot \pi/2 \cdot r_f \cdot l_0$).

$$\frac{\pi}{2} r_f \cdot \int_0^l \tau_f(r_f, x)dx = r_f \cdot \int_0^l \tau_s(r_f, x)dx \qquad \text{(Gl. 2.3-3)}$$

Für eine beliebig gelegene Scherung im Klebstoff wird in (Gl. 2.3-3) $\tau(r,x)$ als Scherspannung für $\tau_s(r_f,x)$ eingesetzt. Nach Differenzierung der Gleichung bezüglich der Variablen x erhält man eine Verhältnisgleichung der Scherspannungen.

$$\tau(r, x) = \frac{\pi}{2} \tau_f(r_f, x) \qquad \text{(Gl. 2.3-4)}$$

Der Faktor $\pi/2$ ist begründet im Verhältnis von zylinderförmiger Faseroberfläche zu der planen Trägerfläche.

Die Verformung der Klebstoffschicht lässt sich näherungsweise mit $\tau(r,x) = G_k \cdot \gamma_k(r,x)$ beschreiben. $\gamma_k(r,x)$ ist darin der Verschiebungswinkel und wird aufgrund der kleinen geometrischen Verformung mit dx / dr ersetzt. Der Elastizitätsmodul des Klebstoffs (E_k) geht über den Schubmodul $G_k = E_k / [2 \cdot (1+\nu_k)]$ in die Verschiebungsgleichung für δ_k ein.

$$\delta_k(x) = \int_{l}^{l+\delta_k} dx = \frac{\pi}{2 \cdot G_k} \cdot \int_{r_f}^{r_f+d_k} \tau_f(r_f, x) dr \qquad \text{(Gl. 2.3-5)}$$

Die Lösung der Gleichung:

$$\delta_k(x) = \frac{\pi}{2 \cdot G_k} \cdot \tau_f(r_f, x) \cdot d_k \qquad \text{(Gl. 2.3-6)}$$

Ausgehend vom Hookschen Gesetz $\sigma = \varepsilon \cdot E$ sind die Verformungen im Stahl als

$$\delta_s(x) = \int_0^l \varepsilon_s(x) dx = \int_0^l \frac{\sigma_s(x)}{E_s} dx \qquad \text{(Gl. 2.3-7)}$$

und in der Faser als

$$\delta_f(x) = \int_0^l \varepsilon_f(x) dx = \frac{1}{\pi \cdot r_f^2 E_f} \int_0^l F_f(x) dx \qquad \text{(Gl. 2.3-8)}$$

formuliert. Dabei wird ein Stahlträger mit definiertem Querschnitt und mit einer definierten Last über die Länge l_0 vorgegeben, so dass sich mit der Zugspannung σ_s über die Elastizität des Materials eine Dehnung einstellt. In der Betrachtung stehen nur die axialen Verschiebungen entlang der Faserachse.

Der Elastizitätsmodul der Faser E_f wird über den gesamten Querschnitt als homogen angenommen. Aufgrund der Symmetrie des Modells wird ein Viertel der Scherfläche zwischen Faser und Klebstoff betrachtet. Die Scherung bewirkt allerdings eine Spannungsverteilung über der halben Faserquerschnittsfläche. $F_f(x)$ steht für die resultierende Kraft aus der Differenz von Faserspannung $\sigma_f(x)$ und Scherspannung $\tau_f(r_f,x)$ über dem Faserquerschnitt. Sie wird in der Verformung der Faser aufgebracht.

$$F_f(x) = \pi r_f^2 \sigma_f - \pi r_f \cdot \int_0^l \tau_f(r_f, x) dx \qquad \text{(Gl. 2.3-9)}$$

In einem gleichförmigen Spannungsfeld der Faser ist die Äquivalenz zur Dehnung des Sensorträgers mit $\sigma_f = \sigma_s \cdot (E_f / E_s)$ gegeben. Die Verschiebung der Faser berechnet sich nach einsetzen der Gleichung (Gl. 2.3-9) in (Gl. 2.3-8):

$$\delta_f(x) = \frac{1}{\pi \cdot r_f^2 E_f} \cdot \int_0^l \left[\pi r_f^2 \sigma_f - \pi r_f \cdot \int_0^l \tau_f(r_f, x) dx \right] dx \qquad \text{(Gl. 2.3-10)}$$

Mit den Gleichungen (Gl. 2.3-6), (Gl. 2.3-7), (Gl. 2.3-10) und den eingangs getätigten Ansatz (Gl. 2.3-2) führt dies zu der folgenden Gleichung:

$$\int_0^l \frac{\sigma_s}{E_s} dx = \frac{1}{\pi \cdot r_f^2 E_f} \cdot \int_0^l \left[\pi r_f^2 \sigma_f - \pi r_f \cdot \int_0^l \tau_f(r_f, x) dx \right] dx + \frac{\pi}{2 \cdot G_k} \cdot \tau_f(r_f, x) \cdot d_k$$

(Gl. 2.3-11)

Die Differenzierung bezüglich der Variablen l ergibt somit:

$$\frac{\sigma_s}{E_s} = \frac{\sigma_f}{E_f} - \frac{1}{r_f E_f} \cdot \int_0^l \tau_f(r_f, x) dx + \frac{\pi}{2 \cdot G_k} \cdot \tau'_f(r_f, x) \cdot d_k \qquad \text{(Gl. 2.3-12)}$$

Mit der weiteren Differenzierung entsteht die Differentialgleichung analog zu [6], aber mit einem veränderten Transferkoeffizienten k.

$$\tau''_f(r_f, x) - k^2 \tau_f(r_f, x) = 0 \qquad \text{(Gl. 2.3-13)}$$

mit

$$k^2 = \frac{2 \cdot G_k}{\pi \cdot d_k r_f E_f} \qquad \text{(Gl. 2.3-14)}$$

Die Gleichung (Gl. 2.3-13) hat die Lösung:

$$\tau_f(r_f, x) = c_1 e^{k \cdot x} + c_2 e^{-k \cdot x} \qquad \text{(Gl. 2.3-15)}$$

Mittels der Beziehung der Hyperbelfunktionen $e^x = \sinh(x) + \cosh(x)$ [13] wird die Lösung umformuliert:

$$\tau_f(r_f, x) = C_1 \sinh(kx) + C_2 \cosh(kx) \qquad \text{(Gl. 2.3-16)}$$

Zur Bestimmung der Integrationskonstanten C_1 und C_2 werden für die Kraft $F_f(x)$ die Randbedingungen $F_f(0) = \pi \cdot r_f^2 \cdot \sigma_f$ und $F_f(l) = 0$ angesetzt. Die Bedingungen werden in die Gleichung (Gl. 2.3-12) eingesetzt:

$$\frac{\sigma_s}{E_s} = \frac{F_f(x)}{\pi r_f^2 E_f} + \frac{\pi}{2 \cdot G_k} \cdot \tau'_f(r_f, x) \cdot d_k \qquad \text{(Gl. 2.3-17)}$$

Die Konstanten berechnen sich zu:

$$C_1 = 0 \quad \text{und} \quad C_2 = k \cdot \frac{\sigma_f r_f}{\sinh(kl)} \qquad \text{(Gl. 2.3-18)}$$

Folglich wird die Scherspannungsverteilung über eine Klebung zwischen Fasersensor und Sensorträger durch die Transferfunktion

$$\tau_f(r_f, x) = k \cdot \sigma_f r_f \cdot \frac{\cosh(kx)}{\cosh(kl)} \qquad \text{(Gl. 2.3-19)}$$

Aus der Scherkraft $F_f(x)$ berechnet sich die induzierte mechanische Spannungverteilung über der gesamten Faser:

$$\sigma_f(x) = \frac{F_f(x)}{\pi r_f^2} = \sigma_s \frac{E_f}{E_s} \left[1 - \frac{\sinh(kx)}{\sinh(kl)} \right] \qquad \text{(Gl. 2.3-20)}$$

Die Dehnungsverteilung über einer geklebten Faser beschreibt die Gleichung:

$$\varepsilon_f(x) = \frac{\sigma_s}{E_s}\left[1 - \frac{\sinh(kx)}{\sinh(kl)}\right] \qquad \text{(Gl. 2.3-21)}$$

Zur Beschreibung der absoluten Dehnung eines geklebten Fasersensors $\bar{\varepsilon}_f$ ist die Mittlung der Gleichung 2.3-21 über die Klebelänge erforderlich:

$$\bar{\varepsilon}_f = \int_0^l \varepsilon_f(x)dx = \frac{\sigma_s}{E_s}\left[1 - \frac{\cosh(kl) - 1}{kl \cdot \sinh(kl)}\right] \qquad \text{(Gl.2.3-22)}$$

Beeinflussende Parameter

Bei der Betrachtung der unten abgebildeten Diagramme ist es offensichtlich, dass über die Länge der Klebung keine Homogenität in der Dehnung zu finden ist. Dies ist zuvor bereits genannt worden und findet hier erneut Bestätigung. Lediglich im mittleren Bereich kann von einer annähernd homogenen und vollständigen Dehnungsübertragung ausgegangen werden, soweit die Materialparameter des Klebstoffs es zulassen.

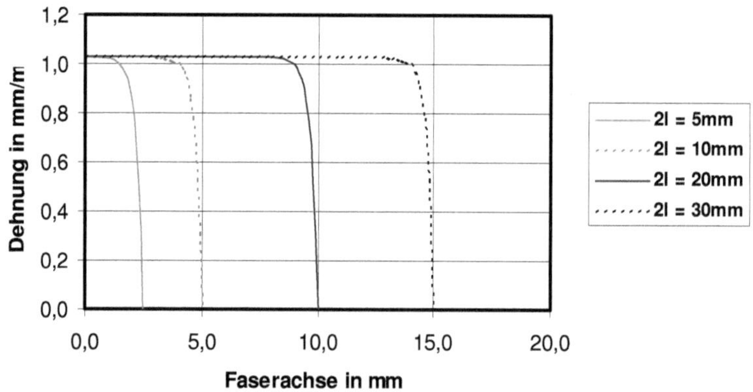

Abb. 2.3-2, Dehnungsverlauf in einer geklebten optischen Faser bei Variation der Klebelänge. Ursprung von Faserachse und Dehnungsmaximum liegen in der Mitte der Klebung. (ε_s = 1,027 mm/m; $E_k = 3\cdot10^9$ N/m^2; $E_f = 65\cdot10^9$ N/m^2; r_f = 62,5 µm; d_k = 15 µm)

Wie stark eine Dehnung durch die Klebstoffschicht gedämpft wird, ist im Wesentlichen von der Verformbarkeit des Klebstoffs und dessen Dicke unterhalb des geklebten optischen Fasersensors abhängig. Die Zusammenhänge geben Aufschluss über die Wahl eines

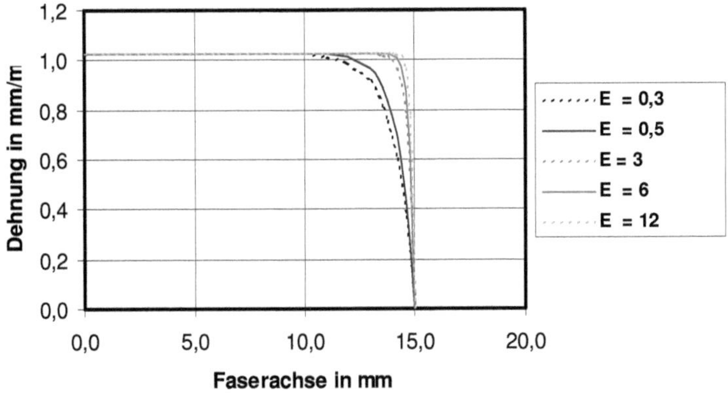

Abb. 2.3-3, Variation des Elastizitätsmoduls im Dehnungsverlauf einer geklebten Faser. (ε_s = 1,027 mm/m; 2l = 30 mm; $E_f = 65 \cdot 10^9$ N/m^2; r_f = 62,5 µm; d_k = 15 µm)

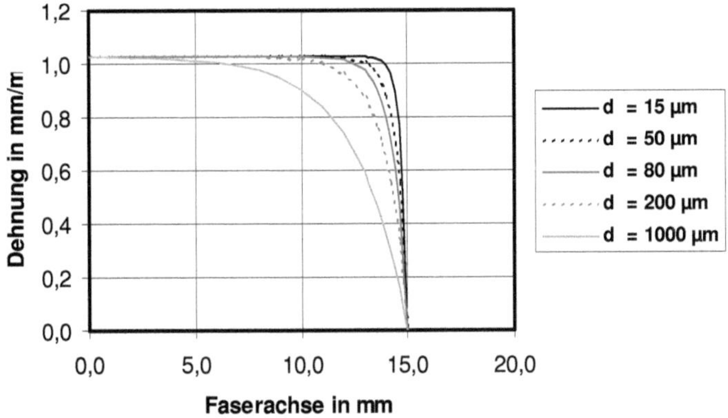

Abb. 2.3-4, Variation der Schichtdicke des Klebstoffs im Dehnungsverlauf einer geklebten Faser. (ε_s = 1,027 mm/m; 2l = 30 mm; $E_k = 3 \cdot 10^9$ N/m^2; $E_f = 65 \cdot 10^9$ N/m^2; r_f = 62,5 µm)

geeigneten Klebstoffs mit der Tendenz zu einem hohen Elastizitätsmodul. Aus der obenstehenden Abbildung geht hervor, dass eine stärkere Verformungsfestigkeit die Ausnutzung eines größeren Ausschnitts der Klebung für Sensoranwendungen ermöglicht. Vor allem für die Optimierung der Sensorapplikation ist dies von Bedeutung, wenn es gilt geringst mögliche Dimensionen zu fertigen und dennoch eine vollständige Dehnungsübertragung zu gewährleisten.

Der Abbildung (Abb. 2.3-4) ist zu entnehmen, dass mit größer werdendem Abstand zwischen der Faser und dem Träger die maximale Dehnung in immer schmaleren Bereichen erfolgt. Hier ist die entscheidende Feststellung zu treffen: ein präziser Auftrag von Klebstoff ist dem willkürlichen Auftrag vorzuziehen. Es muss der Kompromiss zwischen geringer Klebstoffdicke und notwendiger Haftungsfläche im Kontakt von Faser und Klebstoff hinsichtlich der Dehnungsübertragung gefunden werden.

2.4. Klebstoffauswahl

2.4.1. Klebstofftypen

Ihrem chemischen Aufbau nach sind Klebstoffe den organischen Verbindungen zuzuordnen. Jeder Klebstoff ist spezifisch im Aufbau der Monomere, den reaktiven Grundmolekülen. Die klebende Wirkung wird erst mit der Vernetzung der Monomere zu langkettigen Polymeren in einer chemischen Reaktion erzielt.

Klebstoffe können in vielfältigen Varianten aufgebaut sein. Auch die Art der Verarbeitung kann sehr verschieden vonstatten gehen. Entsprechend breit ist die Palette erhältlicher Klebstoffe. Eine mögliche Einordnung lässt sich nach bestimmten Eigenschaften vornehmen [8], [9].

Tab. 2.4-1, Ordnung der Klebstoffe nach ihrer Verarbeitung

Verarbeitung	
Als Monomere	**Als Polymere**
- meist in flüssiger Konsistenz - nach dem Auftrag sofort reaktionsfähig - Aushärtung: chemisch reaktiv	- sind in fester Form erhältlich - zur Anwendung müssen sie in einen flüssigen Zustand überführt werden oder erhalten ihre Haftung durch Anpressdruck - Aushärtung: physikalisch abbindend
→ **Reaktionsklebstoffe**	→ **Lösungsmittelklebstoffe** → **Dispersionsklebstoffe** → **Schmelzklebstoffe** → **Haftklebstoffe**

Tab. 2.4-2, Ordnung der Klebstoffe nach ihrer Anwendung

Anwendung	
- Verarbeitungstemperatur	→ **warm- oder kalthärtend**
- Verarbeitungsverfahren	→ **Ein- oder Zweikomponenten**
- Lieferform	→ **Kartusche**
- Verwendungszweck	→ **Metallklebstoff**
- Klebstoffbasis	→ **Epoxidharz-Klebstoff**

Mt Blick auf die Verarbeitung und der weit verbreiteten Anwendung von Reaktionsklebstoffen konzentriert sich die Auswahlbetrachtung auf diese Gruppe. Die physikalisch abbindenden Klebstoffe erfordern spezifische Aushärtungsbedingungen wie z. B. Verdunstung, Abkühlung oder Druck. Auf Grund wesentlicher Unterschiede in den mechanischen Merkmalen der Fügpartner (Glas / Stahl) würden dadurch Verspannungen im Sensor-Träger-Verbund bewirkt werden. Im nächsten Abschnitt wird auf die relevanten Materialeigenschaften näher eingegangen.

Tab. 2.4-3, Ordnung von Reaktionsklebstoffen nach ihrer Härtungsreaktion

Reaktionsklebstoffe		
Polyaddition	**Polymerisation**	**Polykondensation**
Verknüpfung zweier verschiedener Monomere zu einem Polymer → Epoxidharz-Klebstoffe → Polyurethan-Klebstoffe	Verknüpfung gleicher Monomere unter Aufspaltung von Kohlenstoff-Doppelbindungen → Acrylat-Klebstoffe → Strahlungshärtende Klebstoffe → Anaerobe Klebstoffe	Verknüpfung zweier verschiedener Monomere zu einem Polymer unter Abspaltung von Wasser → Phenolharz-Klebstoffe

Epoxidharz-Klebstoffe bilden heute die wichtigste Gruppe der chemisch reagierenden Klebstoffe in verschiedensten Anwendungsbereichen. Die Monomere werden von den Herstellern vielfältig gestaltet. Oftmals werden noch Ergänzungsstoffe beigemengt, um die Eigenschaft einer Klebschicht gezielt einzustellen. Das Verformungsvermögen von Epoxidharz ist eher gering, denn die Polymere vernetzen sich hochgradig.

Es gibt sie als ein- und zweikomponentige Klebstoffe. In beiden Fällen liegen zwei Komponenten (Harz und Härter) vor, sind im ersten Fall jedoch bereits gemischt. Eine

spezielle chemische Zusammensetzung (Formulierung) verhindert die sofortige Reaktion bei Raumtemperatur. Einkomponenten-Epoxidharze härten erst bei hohen Temperaturen („warmhärtend“).
Zweikomponenten-Klebstoffe liegen in ihren Komponenten getrennt vor. Die Mischung von Harz mit dem Härter (Verhältnis von ca. 1:1) aktiviert die Harzverbindungen, welche über die Härtermoleküle miteinander zu einem Polymer vernetzt werden. Die Reaktion findet üblicherweise bei Raumtemperatur statt („kalthärtend“).

Polyurethan-Klebstoffe zeichnen sich durch eine sehr gute Haftung an verschiedensten Oberflächen, eine gute chemische und thermische Beständigkeit aus. Eingesetzt werden sie vor allem für Verbindungen mit hoher Flexibilität und an Dichtverbindungen. Es gibt sie als ein- und zweikomponentige Klebstoffe, wobei im ersten Fall Wasser als zweiter Reaktionspartner verwendet wird. Des Weiteren sind Polyurethan-Schmelzklebstoffe, Lösungsmittelklebstoffe und Dispersionsklebstoffe erhältlich.

Einkomponentige *Acrylat-Klebstoffe* sind i. d. R. sehr schnell härtende Klebstoffe („Sekundenklebstoffe“). Die Aufspaltung der C=C - Doppelbindung erfordert einen Katalysator zum Start der Vernetzungsreaktion oder die externe Zufuhr von Energie. Cyanoacrylat-Klebstoffen genügen wenige Wassermoleküle (z. B. die Luftfeuchtigkeit), um die Polymerisation mit großer Geschwindigkeit ablaufen zu lassen.
Strahlungshärtenden Klebstoffen sind noch „Photoinitiatoren“ beigefügt. Sie werden im Allgemeinen durch UV-Strahlung angeregt. Dies setzt voraus, dass mindestens einer der Fügepartner UV-durchlässig ist. Durch die Aktivierung werden die Doppelbindungen der Acrylat-Monomere gespalten.
Methacrylat-Klebstoffe sind üblicherweise zweikomponentig. Wesentlicher Unterschied zu den Mehrkomponenten-Epoxidharz-Klebstoffen ist, dass im Mischungsverhältnis nur ein sehr geringer Anteil an Härterkomponente gebraucht wird.
Acrylat-Klebstoffe zeichnen sich durch ihre hohe Druckfestigkeit aus.

Phenolharz-Klebstoffe spalten während der Vernetzung zu einer Klebschicht Wasser ab. Bei undurchlässigen Werkstoffen geschieht das Aushärten unter hoher Temperatur und großem Druck.

2.4.2. Kriterien für die Klebstoffauswahl

Für Diskussion über geeignete Klebstoffe für die Sensorapplizierung sind drei bestimmende Faktoren [8] von Bedeutung:

1. Fügeteileigenschaften
2. Anforderungen an die Klebung
3. Voraussetzungen in der Fertigung

Fügeteileigenschaften

Wie bereits erwähnt, kommen unterschiedliche faseroptische Sensoren zur Anwendung. Der wesentlichste Unterschied liegt in der Größe der Klebefläche. FBG-Sensoren ohne Coating bestehen lediglich aus dem Kern und der Mantelfaser mit einem Durchmesser von 125µm. Die Glaskapillare der EFPI-Sensoren dagegen durchmisst mit 210µm fast die doppelte Größe. In beiden Fällen stellt aber Glas den zu fügenden Werkstoff auf dem Stahlträger dar. Daher wird in der nachfolgenden Tabelle für Glasfaser und Glaskapillare ähnliches Material mit gleichen Kennwerten angenommen.

Tab. 2.4-4, Mechanische Werkstoffeigenschaften des Sensorträgers aus Stahl [10] und einer Glasfaser [2]

Werkstoff	Chrom-Nickel-Stahl	Glasfaser
Streckgrenze $R_{p0,2}$	210 MPa	
Zugfestigkeit R_m	520 bis 720 MPa	50 bis 200 MPa
Bruchdehnung ε_m	450 mm/m	30 mm/m
Elastizitätsmodul E	200 GPa	62 bis 72 GPa
Querkontraktionszahl ν	0,30	0,19
Thermischer Ausdehungs-koeffizient α (20 bis 200 °C)	$16{,}5\cdot10^{-6}$ 1/K	$0{,}55\cdot10^{-6}$1/K
Oberfläche	Geschliffen	Glatt, ohne Polymercoating, Durchmesser 125µm

Anforderungen an die Klebung

An erster Stelle steht die sehr gute Haftung des Klebstoffs mit den benannten Fügepartnern. Bedingt durch die Anwendung, soll er den Sensor vor allem fixieren. Die Funktion der Klebung besteht darin, eine Dehnung, verursacht durch die Formänderung im Stahlträger, möglichst ohne Verluste zu übertragen. Gewährleistet wird dies mit einer angepassten Klebstoffelastizität an den Sensorträgerwerkstoff, d.h. es wird ein Klebstoff mit großem

E-Modul benötigt. An den Klebstoff wird die Forderung gestellt, im Bereich elastischer Verformung des Sensorträgers ebenfalls elastisches Verhalten zu zeigen. Die Stahllegierung erlaubt an der Streckgrenze eine maximale Dehnung von 1,05 mm/m. Entsprechend gefordert ist ein Klebstoff mit mindestens gleicher Dehnbarkeit. Gleichzeitig sind im Anwendungsfall keine konstanten Temperaturen vorauszusetzen. Es gilt also für ein gleichartiges Temperaturverhalten zu sorgen – zumindest in der selben Größenordnung, um im Extremfall die Spannungsdifferenzen zwischen den Materialien gering zu halten. Im ungünstigsten Fall bewirkt die stärkere Ausdehnung des Klebstoffs gegenüber dem Stahl, dass mechanische Spannungen aufgebaut werden, welche zur Verformung des Sensors führen. Diese thermische Ausdehnung könnte ohne zusätzliche Informationen hinsichtlich der lokalen Temperaturbedingungen als eine Ausdehnung des Sensorträgers missinterpretiert werden. Wichtig ist auch, dass die Klebungen der Fasersensoren auf unbelasteten Trägern in sich spannungsarm sind. Härtet Klebstoff aus, geht dies meistens mit einem Volumenverlust einher. Die Haftung am Material ist bereits gegeben, so dass sich Spannungen und Verformungen in der Klebung bilden. Die Schrumpfung ist spezifisch für jeden Klebstofftyp und kann ganz unterschiedlich sein. Sie ergibt sich aus der Vernetzung von Monomeren oder der Verdunstung von Lösungsmitteln. Die Abbildung (Abb. 2.4-5) stellt eine Auflistung von Klebstoffen dar, mit denen Glas-Stahl-Verbindungen für unterschiedliche Anwendungen hergestellt werden können.

Voraussetzungen in der Fertigung

Insgesamt werden vergleichsweise wenige Sensoren auf den Sensorträgern für Prüfzwecke geklebt. In der manuellen Fertigung bringt es den Nachteil mit sich, dass die Herstellung von der Tagesform des Klebers abhängt. Umso wichtiger ist also die Einfachheit in der Verwendung des Klebstoffs. Er sollte möglichst vorgefertigt sein, als eine Komponente und mit geringer Viskosität. So soll eine formfüllende Aufbringung ohne gerätetechnischen Aufwand reproduzierbar zu bewerkstelligen sein. Nicht zu vernachlässigen, ist die Aushärtungszeit. Ein kalthärtender Sekundenklebstoff wäre unpassend, denn noch ehe eine optische Faser auf der Klebfläche positioniert wäre, ließe sie sich nicht mehr lösen. Die Aushärtung im Bereich mehrerer Minuten ist ideal. Alternativen dazu sind Strahlungshärtende Klebstoffe (Wärme, Licht, UV). Ohne Zeitdruck können bei dieser Härtungstechnik die Sensoren auf den Klebflächen positioniert werden. Erst unter Strahlungseinwirkung geschieht die Verfestigung innerhalb von wenigen Sekunden. Keine Option sind warm- oder heißhärtende Klebstoffe, da hier die unterschiedlichen Wärmeausdehnungen von Glas und Stahl unweigerlich bei der Abkühlung ein Spannungsfeld in der Klebschicht bewirken.

Tab. 2.4-5. Auswahl geeigneter Klebstoffe für Glas-Stahl-Klebverbindungen und ihrer Parameter, soweit diese vom jeweiligen Hersteller bekannt gegeben wurden.
E = Elastizitätsmodul; α = therm. Ausdehnungskoeffizient; ε_{max} = Reißdehnung; σ_{max} = Zugfestigkeit;

Hersteller, Klebstoff	**Verarbeitungs-verfahren**	**Klebstoffbasis**	**Härtungs-technik**	**Schrumpfung in %**	**Aushärtungs-zeit**	**Viskosität**	**Mechanische Eigenschaften**
HBM X60	2 Komponenten	Methyl-Methacrylat	kalt	4 bis 10	10 min	pastös	E = 13 GPa $\alpha = 35...40 \cdot 10^{-6}\ K^{-1}$
HBM Z70	1 Komponente	Cyanoacrylat	kalt	0,5	1 min	dünnflüssig	$\alpha = 70...89 \cdot 10^{-6}\ K^{-1}$
ITW Devcon 2 Ton Epoxy	2 Komponenten	Epoxidharz	kalt		8 bis 12 min	dünnflüssig	$\varepsilon_{max} = 10\ mm \cdot m^{-1}$
ITW Devcon 5 Minute Epoxy Gel	2 Komponenten	Epoxidharz	kalt		4 bis 7 min	pastös	$\varepsilon_{max} = 10\ mm \cdot m^{-1}$
Loctite Metal Set S2	2 Komponenten	Metallhaltiges Epoxidharz	kalt	0,1		pastös	E = 6 GPa $\sigma_{max} = 65 \cdot 10^{6}\ N \cdot m^{-2}$
Delo Photobond GB 345	1 Komponente	Urethanacrylat	UV		17 s	flüssig	E = 1,2 GPa $\sigma_{max} = 26 \cdot 10^{6}\ N \cdot m^{-2}$ $\varepsilon_{max} = 400\ mm \cdot m^{-1}$
Delo Photobond GB 368	1 Komponente	Urethanacrylat	UV und Licht	7	15 s	zähflüssig	E = 0,9 GPa $\sigma_{max} = 20 \cdot 10^{6}\ N \cdot m^{-2}$ $\varepsilon_{max} = 170\ mm \cdot m^{-1}$
Dymax OP-65-LS	1 Komponente	Urethanacrylat	UV	0,1	< 10 s	zähflüssig	E = 6,9 GPa $\varepsilon_{max} = 5\ mm \cdot m^{-1}$
Dymax OP-4-20703	1 Komponente	Urethanacrylat	UV	0,2	< 10 s	flüssig	E = 8,3 GPa $\varepsilon_{max} = 1\ mm \cdot m^{-1}$
Panacol-Elosol Vitralit 1517	1 Komponente	Quarzhaltiges Epoxidharz	UV und thermisch	1,4		zähflüssig	$\alpha = 39 \cdot 10^{-6}\ K^{-1}$

Zusammenfassung

Es hat sich gezeigt, dass die Angaben zu den mechanischen Eigenschaften der Klebstoffe (Tab. 2.4-5) nicht einheitlich sind. Es besteht die Schwierigkeit, von den Herstellern verlässliche Angaben hinsichtlich des Klebstoffverhaltens im ausgehärteten Zustand zu erhalten. Oftmals sind diese auch nicht auf ihre mechanische Zugbelastbarkeit untersucht worden. Entsprechend fehlen Angaben zum E-Modul, zur Zugfestigkeit und Reißdehnung, sowie zur thermischen Ausdehnung. In manchen Fällen sind lediglich pauschale Aussagen ohne eine Quantifizierung gegeben. Letztlich gehen in die Wahlentscheidung für die Klebstoffe auch Empfehlungen der Hersteller ein, welche auf der Grundlage einer Erläuterung zu der genannten Anwendungsproblematik getroffen werden.

Für die Befestigung der optischen Sensoren auf den Zugbändern und den experimentellen Untersuchungen hinsichtlich des Dehnungsübergangs sind folgende drei Klebstoffe ausgewählt worden:

1. Dymax OP-4-20703
2. Panacol-Elosol Vitralit 1517
3. Loctite Metal Set S2

Konkret spricht für den Klebstoff der Firma Dymax Corporation der vergleichsweise hohe Elastizitätsmodul und ein geringer Schrumpf während der Aushärtung. Mit der Reißdehnung ist die mechanische Anforderung gerade noch erfüllt. Vorteilhaft ist die Härtungstechnik. Sie kommt dem Anspruch in der manuellen Fertigung entgegen.

Der Klebstoff Vitralit 1517 der Firma Panacol-Elosol GmbH ist ebenfalls UV-härtend und zeigt geringe Volumenverluste durch Schrumpfung. Interessant ist die Auffüllung des Epoxidharzes mit Quarz. Dieser Klebstoff ist besonders an Glaskomponenten angepasst worden. Zusätzliche mechanische Eigenschaften sind nicht angegeben, können aber auf Grund der Basiskomponente zumindest als „typisch“ ($E \approx 3$ GPa; $\varepsilon_{max} \geq 1$ mm/m) angenommen werden.

Demgegenüber soll ein metallgefüllter Klebstoff der Firma Loctite gestellt werden. Untersucht werden soll hierbei, ob die Anpassung an den einen oder den anderen Fügepartner für den konkreten Fall relevant ist bzw. ob eine Beeinflussung der Dehnungsübertragung vorliegt. Im Unterschied zu den anderen beiden Klebstoffen ist dieser kalthärtend und liegt in zwei Komponenten vor. Das Mixverhältnis beträgt nach Herstellerangaben 1:1. Für die Klebungen, wie sie im Folgenden noch beschrieben werden, sind lediglich kleine Klebstoffmengen nötig. Von daher ist die Handhabung in der Herstellung nicht wesentlich erschwert.

3. Experimentelle Untersuchungen

3.1. Zugbänder, Sensoranordnung, Versuchsgestaltung

Für die Untersuchungen im Experiment werden Sensorträger verwendet, die aus einer Chrom-Nickel-Legierung gefertigt wurden. Zu den Materialeigenschaften wurden bereits Angaben gemacht (siehe Abb. 2.4-4). Die Dimensionierung der Zugbänder folgt der Maßgabe, die Versuche auch mit einer einfachen Prüfmaschine bei vergleichsweise geringen Zugkräften durchführen zu können. Wesentliche Arbeitsschritte bei der Fertigung des Werkstücks waren: schneiden mit dem Wasserstrahl, entgraten der Kanten und schleifen der Flächen. Beim Schneiden hinterlässt der Wasserstrahl keine senkrechten Flanken. Der Querschnitt entspricht

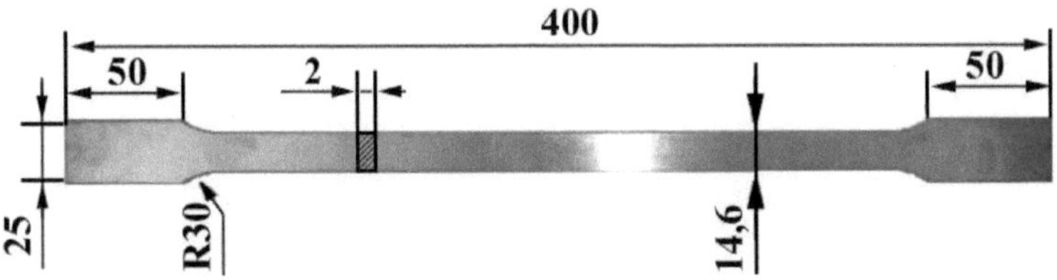

Abb. 3.1-1, Unbestücktes Zugband aus Chrom-Nickel Stahl mit Bemaßung

eher einer trapezförmigen Fläche und geht entsprechend in die Berechnung der angenommenen Dehnung ein. Unter Berücksichtigung des Elastizitätsmoduls und einem maximalen Zuggewicht $m_{z,max}$ = 600 kg (= 5,884 kN) folgt, dass die größtmögliche Verformung des Stahls mit $\varepsilon_{s,max}$ = 1,008 mm/m betragen sollte.

Für die Zugversuche wird eine Mohr & Federhaff 3000kg Prüfmaschine (Abb. 3.1-2) verwendet Die Bedienung erfolgt manuell. Die Anlage wird hydraulisch betrieben, indem ein Kolben unter Druck gesetzt wird und dabei die Aufhängung samt Einspannvorrichtung anhebt. Die untere Einspannung ist unbeweglich gelagert. Mittels zweier Radventile wird der Zu- und Abfluss der Hydraulikflüssigkeit geregelt.

Die Versuche sind so gestaltet, dass quasi-statische Belastungen auf die Zugproben einwirken. Jede Messung umfasst einen Belastungszyklus zwischen Null und 600 kg Zuggewicht. Die Lasten werden stetig in Stufen an jedem Zugband aufgebracht. Jede Laststufe beträgt in der Höhe 50 kg, wobei die Anzeigegenauigkeit des Manometers mit ± 5 kg zu berücksichtigen ist.

Aufgezeichnet werden jeweils die Belastungsstufen und die daran anschließenden Entlastungsstufen, um mögliches Hystereseverhalten festzustellen.

Um maschinenbedingte Fehler, die in die Messergebnisse einfließen, genauer beurteilen zu können, werden die Versuche zusätzlich an einer automatischen Prüfmaschine (Typ: Instron 8801) durchgeführt. Die Belastungszyklen werden dabei ebenfalls in Stufen von Null bis 6000 N mit einer Stufenhöhe von 400 N durchgeführt.

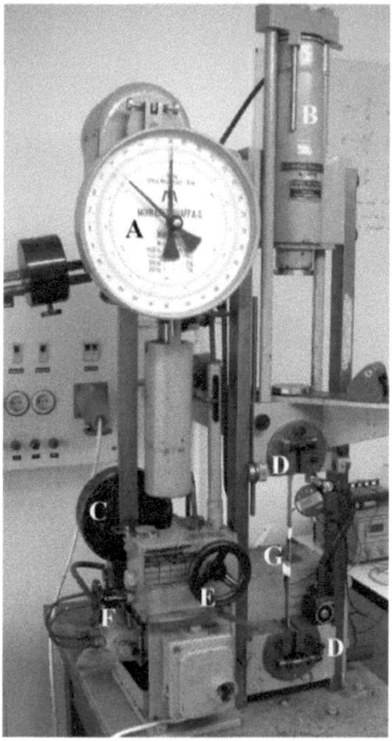

Abb. 3.1-2, Mohr & Federhaff 3000kg Prüfmaschine; A Manometer, Anzeige des Zuggewichts in kg; B Kolben; C Pendelgewicht, Kalibrierung des angezeigten Messbereichs; D Obere und untere Einspannungen für Zugproben; E Zuflussventil; F Abflussventil; G Eingespannte Zugprobe

Die Versuchsanordnungen sind so gestaltet, das auf jeweils einem Zugband alle Fasersensoren mit dem gleichen Klebstoff befestigt werden. Folgende Sensoren sind appliziert:

1. Ein Dehnungsmessstreifen (DMS-Vollbrücke) auf der Vorderseite, mittig auf dem Träger;
2. Zwei EFPI-Sensoren in verschiedenen Klebvarianten, parallel zueinander, unterhalb des DMS platziert;
3. Zwei FBG-Sensoren, parallel zueinander, mittig auf der Trägerrückseite.

a)

b)

Abb. 3.1-3, Ansichten eines bestückten Sensorträgers;
a) Vorderseite: A Dehnmessstreifen als Vollbrücke verschaltet,
B EFPI-Sensoren, offen geklebt
C EFPI-Sensoren, umschlossen geklebt
b) Rückseite: D FBG-Sensoren, offen geklebt

Unterschieden wird hier zwischen zwei Gestaltungsvarianten einer Klebung. „Offen" meint das Aufbringen einer Klebstoffschicht in definierter Dicke und anschließend die Bettung eines Sensors auf der Oberfläche. Weitergehend wird bei der umschlossenen Klebung der Sensor gänzlich mit Klebstoff umhüllt. Ziel ist eine Haftung über die gesamte Sensoroberfläche herzustellen.

Das Equipment für die Signal- und Datenerfassung ist nicht in einem gemeinsamen Systemkonzept zusammengefügt. Für jeden Sensortyp (EFPI und FBG) existiert ein eigenes Messgerät sowie eigens angepasste Software zur Signalerfassung und –ausgabe. Im Nachgang erfordert das eine manuelle Zusammenfassung und Auswertung der erfassten Messdaten.

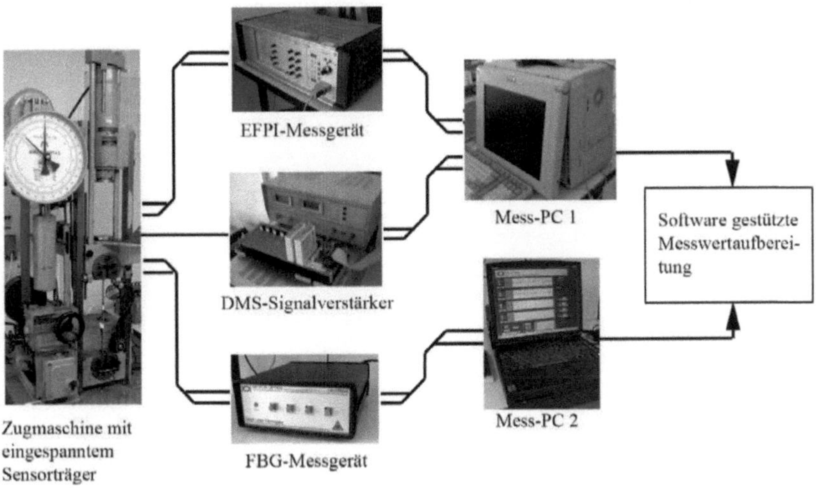

Abb. 3.1-4, Messtechnik für die Datenerfassung in der Versuchsdurchführung

3.2. Präparation der FBG-Sensoren

Frühere Untersuchungen mit optischen Fasern (vgl. Kapitel 2.2) zeigten, dass die Dehnbarkeit von Fasern primär auf deren Coating zurückgeht. Damit erfüllt es in seiner mechanischen Belastbarkeit sicher die angedachte Schutzfunktion, welche im allgemeinen Umgang und der Handhabung mit Wellenleiterfasern gefordert wird.

Ziel der Sensorapplikation von FBG soll die hochaufgelöste Dehnungsmessung sein. In der Anwendung als dehnungsempfindliches Element zur Signalmodulation ist ein Polymercoating um die Glasfaser jedoch hinderlich. Im Faserkern kann nur noch eine abgeschwächte Verformung wirken. Das Verhältnis von Faser- zu Stahldehnung ist in diesem Fall deutlich kleiner als Eins. In Folge dessen werden für die experimentellen Untersuchungen an Bragg-Gitter-Sensoren jene Glasfasern lokal vom Coating befreit und unmittelbar mit den gewählten Klebstoffen befestigt. Die hier verwendeten Wellenleiter sind nach dem Einschreiben der Gitter in die Faser seitens des Herstellers lokal mit Acrylamid

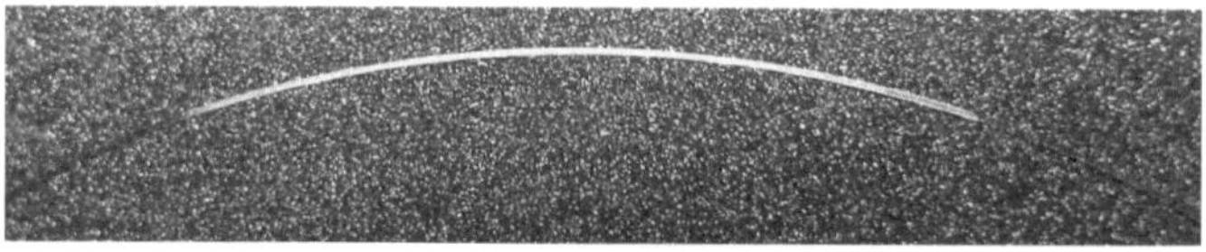

Abb. 3.2-1, Optische Faser, nach Einschreiben eines Bragg-Gitters mit Acrylamid ummantelt

ummantelt worden. Die Problematik besteht dabei in der Unkenntnis über die exakte Position des Bragg-Gitters in diesem Faserabschnitt. Folglich muss das Coating im gesamten Abschnitt (über 40 mm) entfernt werden. In [11] wird ein chemisches Verfahren für die Entfernung von Acrylamid-Coating in einem definierten Bereich beschrieben:

Zu Beginn wird eine Glasfaser auf einem Glasträger fixiert. Der Bereich, in dem das Acrylamid entfernt werden soll, ist zu beiden Seiten mit einem Paraffinfilm abgegrenzt. Als Lösungsmittel dient ein Lackabbeizer auf Dichlormethan-Basis. Die Viskosität ist vergleichbar mit der von Gelen. Der Abbeizer kann daher einfach aufgestrichen werden. Nach einer notwendigen Einwirkzeit, ist das aufgetragene Lösungsmittel wieder entfernt worden. Mit Ethanol lässt sich das Polymer dann vorsichtig von der Faser beseitigen.

Ohne Coating darf die Faser keiner großen mechanischen Belastung ausgesetzt werden. Nackte Fasern sind sehr spröde. Die Behandlung mit Dichlormethan verstärkt diese Eigenschaft zusätzlich.

3.3. Referenzwertbestimmung mit Dehnungsmessstreifen

Im Gegensatz zu den optischen Dehnungssensoren, deren Dehnungsverhalten bei Oberflächenapplizierung Gegenstand der Untersuchung ist, haben sich Dehnungsmessstreifen (DMS) bereits ein halbes Jahrhundert lang als zuverlässiges Sensorelement bewährt. Für die Untersuchungen an den Zugbändern kommen sie als metallische DMS zur Anwendung. Sie sollen neben den optischen Fasersensoren als vergleichendes elektrisches Messverfahren einen Eindruck von der tatsächlich auftretenden Belastung vermitteln.
Verwendet werden metallische DMS. Deren Funktion beruht auf einem mechanisch-elektrischen Effekt in elektrischen Leitern, der von Wheatstone und Thomson entdeckt wurde [12]. Elektrische Leiter ändern ihren Widerstand bei mechanischer Beanspruchung (Zug- / Druckbelastung). Einerseits geschieht eine Verformung des Leiters und damit eine Veränderung im Leiterquerschnitt, andererseits kommt es zu einer strukturellen Veränderung im Atomgefüge und entsprechend folgt eine Änderung im spezifischen Widerstand. Metallische DMS haben zumeist eine charakteristische Bauform – einem in eine Metallfolie geätztem Metallgitter auf einem Trägermaterial. Für die Sensoranwendung ist das Gitter parallel zur erwarteten Dehnungsbelastung auszurichten.
Seitens des Herstellers sind für die verwendeten DMS auf einer Trägerfolie bereits zwei Widerstandsgitter gefertigt. Zusammen bilden Sie eine Halbbrückenschaltung. Deren Funktion besteht in der Kompensation des Temperaturgangs der Messstreifen. Um diese nochmals zu verbessern und Biegungen, sowie Querdehnungseinflüsse zu kompensieren, sind auf jedem Zugband zwei Halbbrücken zu einer DMS-Vollbrücke verschaltet. Die Folien-DMS sind mit Klebstoff auf der planen Oberfläche eines jeden Zugbandes befestigt. Für die Montage auf Stahl wird der Klebstofftyp X60 des Herstellers HBM verwendet. Aus dem Grund gelten für DMS letztlich die gleichen Problemstellungen beim Kleben, wie für die optischen Sensoren. Die Gitter befinden sich im Bereich homogener Spannungsfelder. Die Gitter sind seitens des Herstellers bereits dementsprechend auf der Folie platziert.

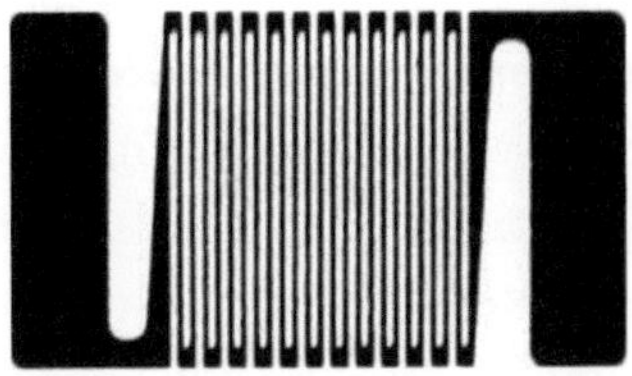

Abb. 3.3-1, Typische Bauform eines metallischen DMS des Herstellers HBM [12]

Der Zusammenhang von mechanischer Dehnung und elektrischer Widerstandsänderung ist mit folgender linearer Proportionalitätsgleichung gegeben:

$$\varepsilon = k \cdot \frac{\Delta R}{R_0} \qquad \text{(Gl. 3.3-1)}$$

Der Faktor k beträgt im Mittel Zwei und wird vom Hersteller der DMS angegeben. Abweichungen, bedingt durch Fertigungstoleranzen, variieren um wenige Prozentpunkte. Sie werden durch entsprechende Kalibrierung eines nachgeschalteten Verstärkers korrigiert.
In den Untersuchungen bilden Dehnungsmessstreifen die messtechnische Referenz für die parallel geführten optischen Dehnungssensoren. Dadurch werden zufällige Fehlereinflüsse wie Temperaturschwankungen über große Zeitabstände zwischen verschiedenen Messungen vernachlässigt werden. Auch wirken sich Art und Weise in der manuellen Bedienung der Prüfmaschine gleichermaßen auf sämtliche Sensoren aus.
Die Messwerte geben die statische Dehnung eines Zugbandes wieder. In äquidistanten Belastungsstufen werden die Sensordaten aufgezeichnet. Im Bereich kleiner Belastungen zwischen Null und ca. einem Kilonewton ist das Verhalten der verwendeten Prüfmaschine recht unbestimmbar. Neben dem Eigengewicht des Kolbens mit Aufhängung und Einspannung das überwunden, bzw. herauskalibriert werden muss, ist auch die Verformung der Gesamtkonstruktion unter Zugbelastung nicht auszuschließen. Entsprechend ist das Anfangsverhalten bei aufgebrachter Zugkraft nichtlinear. Nachfolgend werden die Messwerte erst ab einem Kilonewton Zugkraft betrachtet.
Zum Verhalten der Dehnungsmessstreifen können folgende Aussagen getroffen werden:

a. Die Kennlinien sind linear im Anstieg der Zugkraft.
b. Die Messdaten sind in Wiederholungen reproduzierbar.
c. Zwischen Be- und Entlastung ist eine Hysterese erkennbar.

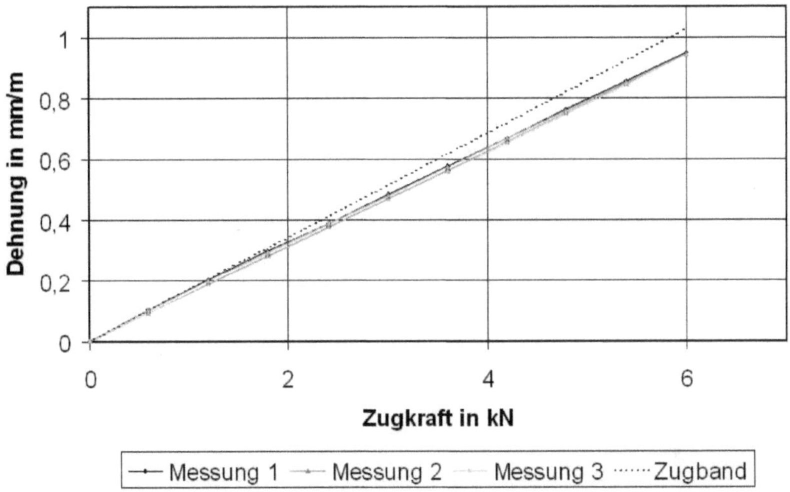

Abb. 3.3-2, Hystereseverhalten einer DMS-Vollbrücke in aufeinanderfolgenden Belastungsversuchen Die theoretische Dehnung entsprechend dem Hookschen Gesetz bei Belastung des Zugbandes.

3.4. Dehnungsmessungen

3.4.1. FBG-Sensoren

Das Ziel der Dehnungsmessung mit den Faser-Bragg-Gittern besteht in der Untersuchung des Übertragungsverhaltens verschiedener Klebstoffe. Gegenübergestellt werden drei Typen:

1. Dymax OP-4-20703
2. Panacol-Elosol Vitralit 1517
3. Loctite Metal Set S2

Die FBG-Sensorfasern werden in allen Fällen mit offenen Klebungen befestigt. ‚Offen' bedeutet, auf eine vorbereitete Klebschicht ausgerichtet und aufgelegt. Die Klebschicht ist in ihrer Form definiert. Die Länge (90 mm) ist deutlich größer als der Bereich (ca. 40 mm) ohne Fasercoating. Die Breite misst 2,5 mm. In der Höhe beträgt die Schichtdicke 80 µm.
Für die Formgebung wurde Klebeband mit einer Stärke von 40 µm verwendet. Der Klebstoff ist in die Aussparung gefüllt und über eine doppelte Lage Klebeband glatt gestrichen worden.

Die Wellenleiter wurden mit den Bragg-Gittern zentriert auf die Klebfläche ausgerichtet (Abb. 3.1-3b). Zur Vermeidung von Durchbiegungen und unter geringer Zugspannung haltend, wurden die Fasern befestigt.
Es hat sich gezeigt, dass mit einer größeren Schichtdicke von 80 µm ein besserer Widerstand gegen Ablösung der Faser erzielt werden kann. Bei einem Radius von 125 µm (250 µm) ohne (bzw. mit) Coating ist die Kontaktfläche im Klebstoff bei stärkerer Dicke deutlich größer. Relevant ist dies für die sichere Handhabung der Proben, wenn die zuführenden Fasern unbeabsichtigt durch Zugkräfte belastet würden. Ebenso wird eine optimale Sensorfunktion erzielt, wenn die Klebung über den Durchmesser der Faser hergestellt ist.
Für die Signalerfassung wurde der Swept Laser Interrogator der Firma Micron Optics Inc. verwendet. Das Gerät verfügt über einen Spektrumanalysator im Wellenlängenbereich von 1500 bis 1550 nm. Mit einem durchstimmbaren Laser können parallel vier Sensorkanäle mit hoher Lichtleistung betrieben werden [11].

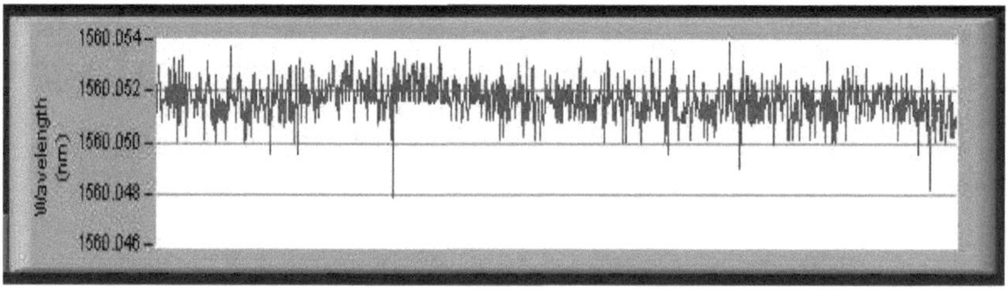

Abb. 3.4-1, Bragg-Wellenlänge im Zeitverlauf (über ca. 30 Sekunden) eines unbelasteten FBG-Sensors. Das Diagramm zeigt das typische Rauschen der Lichtquelle im Messgerät. Dem überlagert sind zusätzlich thermisch bedingte Signalschwankungen.

Registriert werden die reflektierten Anteile des abgestrahlten Lichtspektrums. Über eine Schnittstelle werden die Messdaten an einen Rechner mit entsprechender Betriebssoftware ausgegeben. Aufgezeichnet werden die Wellenlängen über die Versuchszeit. Die Dehnungsmesswerte lassen sich mit der Formel (Gl. 2.1-3) berechnen.

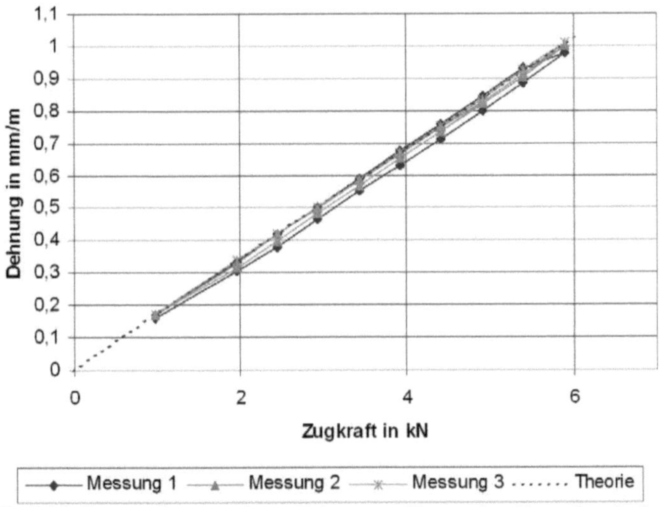

Abb. 3.4-2, Hysteresekurven mehrerer Belastungszyklen an einer Zugprobe mit einem applizierten Faser-Bragg-Gitter; Zugband: theoretische Dehnung nach dem Hookeschen Gesetz;

Ähnlich wie bei den DMS sind auch hier reproduzierbare Signalverläufe feststellbar. Ebenso findet sich ein Hystereseverhalten in jedem Be- und Entlastungszyklus. Die FBG-Sensoren sind in der ermittelten Dehnung nahe an der theoretischen Lösung gelegen.

3.4.2. EFPI-Sensoren

Anhand vergleichender Untersuchungen soll die Gestaltung einer Klebung und der daraus resultierende Einfluss auf das Dehnungsverhalten von Fasersensoren geprüft werden. Die erste Gestaltungsvariante entspricht der Klebung von FBG-Sensoren. Auf einem 80 µm hohen Klebstofffilm wird ein interferometrischer Sensor so gebettet, dass lediglich an der Unterseite der Glaskapillare ein Kontakt entsteht. Demgegenüber steht die vollständig umschlossene Einbettung in Klebstoff. Dabei wird zuerst eine offene Sensorklebung hergestellt und abschließend allseitig mit dem Klebstoff eingepackt (Abb. 3.1-3a). Nach dem analytischen Ansatz bewirkt nur die Scherbelastung unmittelbar unterhalb des Sensorelements dessen Verformung.

Wie im Abschnitt 2.1.2. bereits erwähnt, geht mit einer Verschiebung der Faserenden in der Glaskapillare die Phasenverschiebung der Interferenzwelle einher. Im zeitlichen Verlauf betrachtet, wechseln sich Intensitätsmaxima mit Intensitätsminima ab, solang in der fortlaufenden Dehnung keine Richtungsänderung eintritt. Durch einfaches Auszählen der

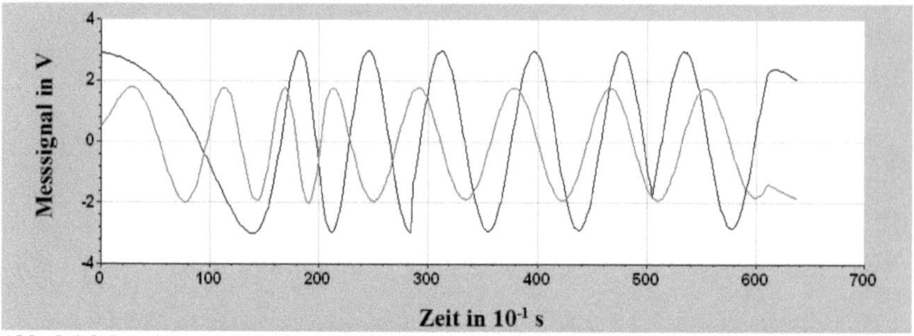

Abb. 3.4-3, Interferenzsignale zweier EFPI-Sensoren im Zeitverlauf . Die Messdaten werden mit Hilfe der Software TestPoint aufgezeichnet. Die unterschiedlichen Amplituden sind begründet in den verschiedenen Reflektivitäten der Spiegelflächen. Die maximale Intensität der Reflexionswelle eines EFPI (rote Kennlinie) ist geringer.

Interferenzstreifen wird bei bekannter Wellenlänge die Verschiebung bestimmt. Eine Periode im Interferenzsignal entspricht dabei der halben Wellenlänge des verwendeten Laserlichts. Für Anwendungen bei denen höchste Auflösungen erforderlich sind, werden die Flanken des Signals ausgewertet. Die Interferenzwelle wird laut [2] mit der folgenden Gleichung beschrieben:

$$I_R = I_0 \cdot 2R\left[1 + \cos\left(\frac{4\pi \cdot s}{\lambda_0}\right)\right] \qquad \text{(Gl. 3.4-1)}$$

I_R → Intensität der Reflexionswelle;
I_0 → Intensität der Eingangswelle;
R → Reflexionsfaktor der Spiegelendflächen (Faserendflächen: 4%);
λ_0 → Wellenlänge der Eingangswelle;
s → Abstand der Spiegelflächen;

Sowohl die EFPI-Sensoren, als auch die benötigten Messgeräte für die Signalerfassung sind Entwicklungen aus der Bundesanstalt für Materialforschung und –prüfung (BAM) und werden als Labormuster zur Verfügung gestellt. Im Aufbau besteht das Messgerät aus einem monochromatischen Laser mit geregelter Lichtleistung ($P_{opt.}$) und Temperaturkontrolle (ϑ) sowie einer optischen Kopplung zwischen Laser, Übertragungsstrecke und Fotodiode. Der Signalwandlung an der Fotodiode folgt ein elektrischer Signalverstärker. Die Interferenzsignale bewegen sich im Bereich von ±10 V. Am Ausgang der Hardware existiert eine Schnittstelle für die Datenübertragung zum Mess-PC. Dort erfolgt eine Digitalisierung (A/D-Wandlung) der Signale. Die Berechnung der Dehnungswerte geschieht softwaregestützt. Gezählt werden die Extrema der Interferenzkurve. Die Entwicklung von einem Intensitätsextrempunkt zum Nächsten entspricht einem Viertel von λ_0, solange die

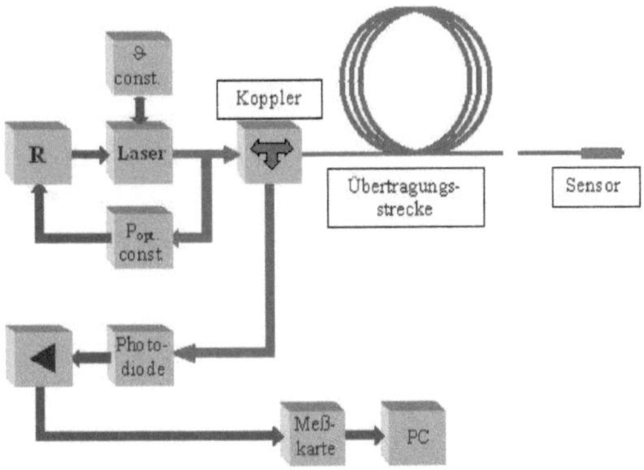

Abb. 3.4-4, Blockschaltbild für das EFPI-Messgerät und einem Ausgangskanal

Verschiebungsrichtung unverändert bleibt. Bei einer Laser-Wellenlänge von λ_0 = 1309,83 nm beträgt die korrespondierende Verschiebung 327 nm. Eine Richtungsumkehr zeichnet sich im Signalverlauf als Extrempunkt mit geringerer Amplitude als die Intensitätsmaxima bzw. –minima aus. Problematisch ist aber die Auswertung, wenn die Richtungsumkehr in genau einem dieser Punkte erfolgt. Ohne zusätzliche Informationen über die Belastung auf die Zugprobe ließen sich dann keine Rückschlüsse auf den weiteren Messwertverlauf tätigen. Das Problem lässt sich vermeiden, wenn die Untersuchungen mit zwei Lichtwellen verschiedener Wellenlänge durchgeführt werden. Ein Laser mit λ_1 = 830 nm erzeugt Interferenzstreifen mit versetzten Extrema zum ersten Laser. Mit der Vergleichsmessung ließe sich eine beinahe lückenlose Beobachtung von Verformungen realisieren.

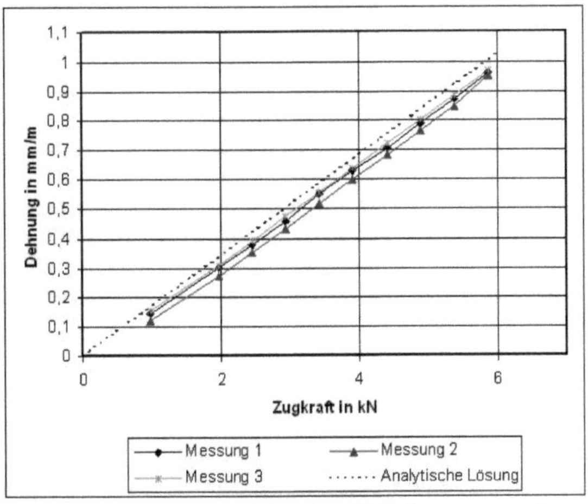

Abb. 3.4-5, Dehnungskennlinien eines EFPI-Sensors aus mehreren Belastungsversuchen

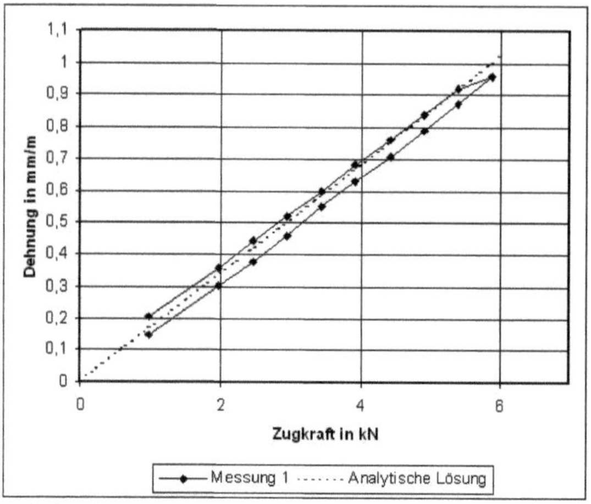

Abb. 3.4-6, Hysteresekurve von einem EFPI-Sensor, aufgezeichnet während eines Belastungszyklus

Die applizierten EFPI-Sensoren zeigen über mehrere Versuchsreihen hinweg und unabhängig von der Art der Klebung, die stärksten Abweichungen in den Messwertkurven. Ebenso im Hystereseverhalten gehen Be- und Entlastungen in den Kennlinien weit auseinander. Die genaue Analyse dieser Problematik folgt im Kapitel 4.2.

4. Ergebnisse und Schlussfolgerungen

4.1. Klebstoffe im Vergleich

Die Präsentation der Ergebnisse geschieht nachfolgend in der Form vergleichender Diagramme und Erläuterungen. Es sollen primär die Verhältnisse von Signalen verschiedener optischer Sensoren als Diskussionsgrundlage genutzt werden. In Abb. 4.1-1 sind die Dehnungskennlinien von drei Faser-Bragg-Gitter Sensoren - jeweils mit einem anderen Klebstoff appliziert – über die Zugbelastung dargestellt. Ersichtlich ist, dass jeder Kennlinie Hystereseverhalten zeigt ist. Ebenso verhalten sich die DMS. Die Ursache ist im Betrieb der Prüfmaschine oder dem Zugband zu vermuten. Da auf jedem Zugband Dehnungsmessstreifen aufgebracht sind und in den Messungen deren Signale parallel zu den jeweiligen optischen Messsignalen aufgezeichnet wurden, stellen sie die erste Referenz dar.
Sowohl der referenzierende DMS als auch die optischen Sensoren erfahren gleichermaßen Fehlereinflüsse der Prüfmaschine (z. B. nichtlinearer Lastanstieg, Toleranzverhalten) oder des Zugbandes (z. B. temperaturbedingte Ausdehnung, Hysterese des Stahls). Entsprechend sind in den Abbildungen 4.1-2(a-c) die FBG-Sensorsignale denen der zugehörigen DMS gegenübergestellt. Die Normierung aller Messwerte ist für die Vergleichbarkeit der Zugproben miteinander erforderlich. Auf diese Weise sind äußere mechanische Störgrößen eliminiert worden. Weiterhin vorhandene Abweichungen vom Ideal sind nun allein in der Sensorapplikation bzw. der Sensorfunktion begründet.

Tab. 4.1-1, Charakteristische Angaben für das Dehnungsverhalten geklebter FBG-Sensoren; maximale Dehnung bei 6 kN Zugkraft; Übertragungsfaktor als das Verhältnis $\varepsilon_f / \varepsilon_s$; Die Hystereseabweichung ist bezogen auf die normierten Kennlinien (Abb. 4.1-2, a-c).

Klebstoff	Maximale Dehnung ε_f	Übertragungs-faktor K	Größte Hystereseabweichung
Dymax OP-4-20703	1,019 mm/m	0,992	0,020
Panacol-Elosol Vitralit 1517	1,010 mm/m	0,983	0,015
Loctite Metal Set S2	1,017 mm/m	0,990	0,020

In allen Versuchen konnte eine annähernde Gleichartigkeit im Signalverhalten der Faser-Bragg-Gitter Sensoren festgestellt werden. Abweichungen über einem Prozent im Dehnungsverhalten in der höchsten Belastungsstufe sind nicht aufgetreten. Somit ist die Toleranz der Prüfmaschinen eingehalten worden. Im Hinblick auf die Reproduzierbarkeit der

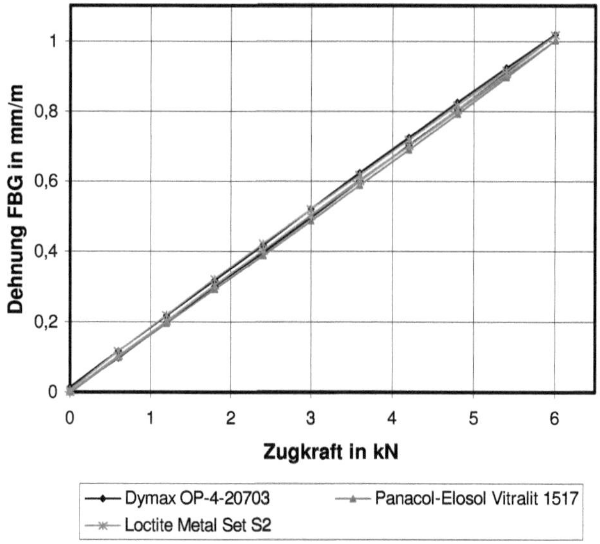

Abb. 4.1-1, Kraft-Dehnungsdiagramm der FBG-Sensoren, unterschieden nach den verwendeten Klebstoffen;

Sensorapplikation konnte mit dem wiederholten Kleben von FBG in den Untersuchungen die Angaben bestätigt werden. Lediglich ein FBG-Sensor, der mit Metal Set S2 geklebt wurde, zeigt eine Dehnungsübertragung mit dem Faktor K = 1,028.

a)

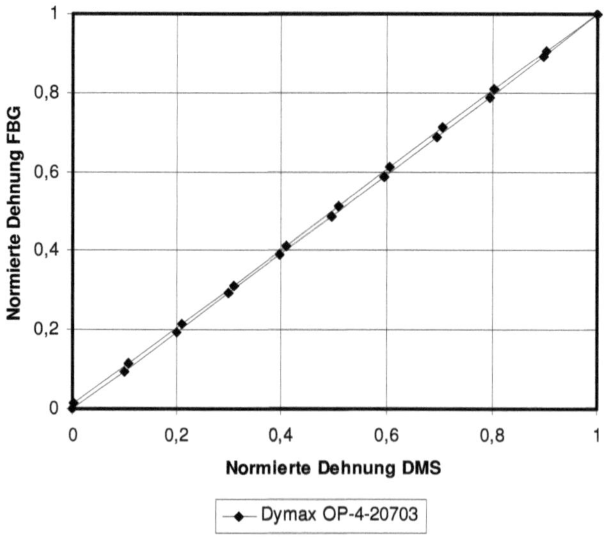

b)

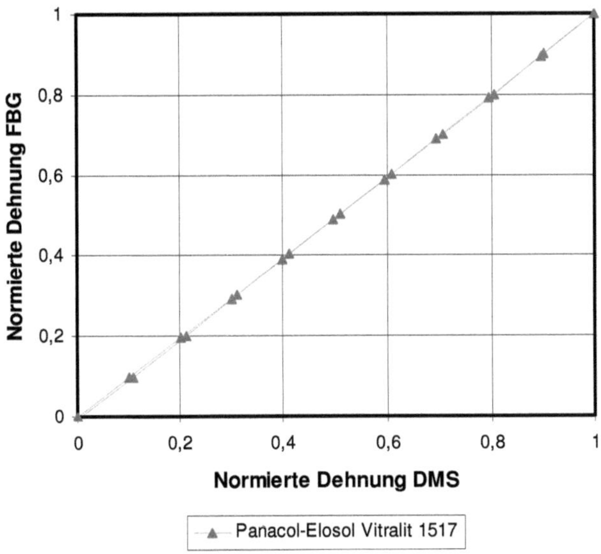

c)

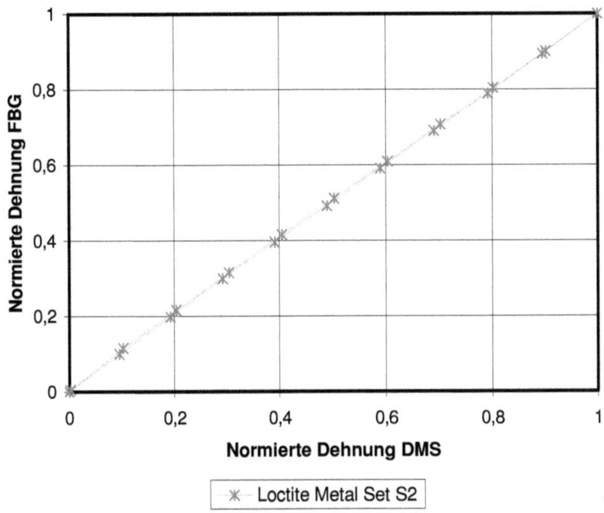

Abb. 4.1-2, (a-c) Normierte Kennlinien der FBG-Sensoren über den normierten Dehnungen der DMS der entsprechenden Zugbänder;

Das Hystereseverhalten ist nicht allein mit der Toleranz der Prüfgeräte zu erklären. Vielmehr ist hierin das Fließen als Eigenheit von Klebstoffen erkennbar. Den Diagrammen (Abb. 4.1-2) ist zu entnehmen, dass die Abweichungen im Dehnungsverhalten zwischen Be- und Entlastungsvorgang bei den Klebstoffen von Panacol-Elosol und Loctite etwas geringer sind. Beide Klebstoffe sind mit Füllstoffen (Quarz bzw. Metall) ergänzt. Das Füllmaterial verleiht den Klebstoffen eine Körnung, die dem vernetzten Epoxidharz zusätzliche Stabilität gibt. Fließen amorphe Stoffe, dann lässt auf molekularer Ebene (bei Klebstoffen die Polymere) die Kohäsion nach und die Moleküle gleiten aneinander. Zusatzstoffe als große Materiekomplexe behindern möglicherweise die langkettigen Moleküle in der Bewegung.
Im Rückblick auf die Auswahlkriterien im Abschnitt 2.4.2. ist die Gleichartigkeit der Klebstoffe in der Dehnungsübertragung zu erwarten gewesen. Die Geometrie der Klebungen ist hier ohne Bedeutung, da die Längen ausreichend groß und die Breite sowie die Höhe der Klebschicht gleichartig gestaltet wurden. In Anbetracht des hohen Übertragungsfaktors (Tab. 4.1-1) und der einfachen Verarbeitung (eine Komponente, UV härtend, Tab.2.4-5) ist der Klebstofftyp OP-4-20703 der Dymax GmbH für die quasi-statische Applikation faseroptischer Sensoren am geeignetsten. Läge der Schwerpunkt dagegen in der dynamischen Anwendung, wäre der Klebstoff mit der geringsten Hysterese die geeignetere Wahl.

4.2. Sensorverhalten fester EFPI-Sensoren

Die Dehnungsmessung mit interferometrischen Sensoren gestaltet sich komplizierter als dies mit den Faser-Bragg-Gittern der Fall ist. Es liegen andere Randbedingungen für die Applikation vor. Anders als die FBG sind die EFPI-Sensoren nicht in einem ausgereiften automatischen Fertigungsprozess hergestellt worden. Es existieren mehr Fehlerfaktoren, die in der Summe Einfluss auf das Messsignal haben können (vgl. Kap. 2.1.2.).
Für die Klebung ist die Bezugslänge der Dehnungsübertragung auf die Kapillare beschränkt. Mit 15 mm ist dies ein vergleichsweise kleiner Bereich gegenüber 40 mm entcoateter Glasfaser mit eingeschriebenem Bragg-Gitter. Die Fixpunkte der Faserenden in einer Kapillare (siehe Abb. 2.1-1) befinden sich jeweils ca. zwei bis drei Millimeter nach innen versetzt. Somit befindet sich die Messbasis eines EFPI-Sensors innerhalb des Bereichs homogener Verformung, wie es in den Vorüberlegungen als erforderlich angesehen wird.
Die Messwerte der interferometrischen Sensoren zeigen alle ein ausgeprägtes Hystereseverhalten. Zugleich reichen die größten Dehnungswerte bei maximaler Belastung

kaum an jene Messwerte der FBG-Sensoren heran. Im Belastungszyklus mit ansteigender Last ist ein lineares Signalverhalten erkennbar.

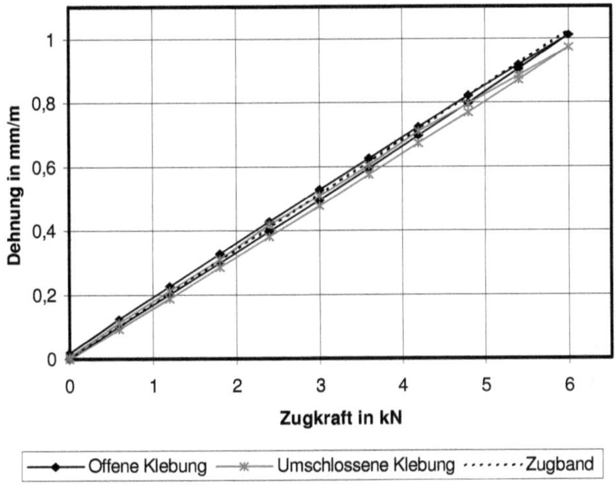

Abb. 4.2-1, Kraft-Dehnungs-Diagramm zweier EFPI-Sensoren unterschiedlicher Klebung; Maximale Zugband-Dehnung beträgt 1,027 mm/m; Klebstoff: Loctite Metal Set S2;

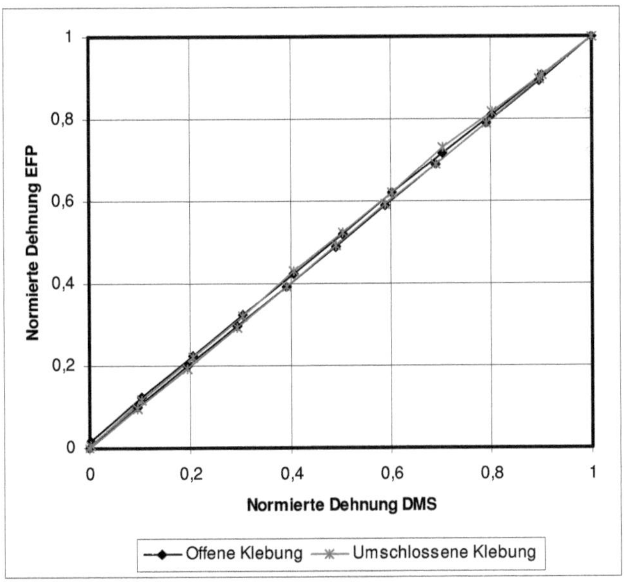

Abb. 4.2-2, Normiertes Dehnungsdiagramm mit einer Gegenüberstellung von DMS und EFPI Klebstoff: Loctite Metal Set S2;

Tab. 4.2-1, Kenndaten der im Diagramm (Abb. 4.2-1) dargestellten EFPI; Maximale Dehnung tritt bei 6 kN Zugbelastung ein; Größte Hystereseabweichung bezogen auf die normierte Darstellung (Abb. 4.2-3);

Sensorklebung (Metal Set S2)	**Maximale Dehnung**	**Übertragungs-faktor K**	**Größte Hystereseabweichung**
Offen	1,012	0,985	0,032
Umschlossen	0,912	0,888	0,038

In den Versuchen ist es jedoch nicht gelungen die Sensorapplikation soweit zu beherrschen, dass eine kontinuierliche Reproduktion von vergleichbarem Signalverhalten möglich gewesen wäre. Ein entsprechendes Beispiel wird in den Diagrammen (Abb. 4.2-3) und (Abb. 4.2-4) gegeben.

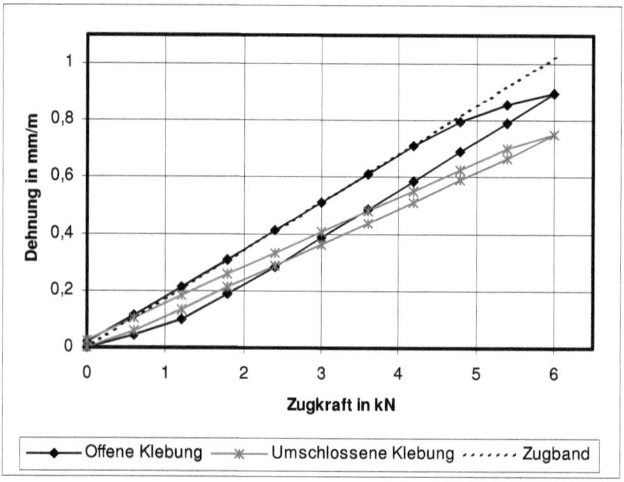

Abb. 4.2-3, Kraft-Dehnungs-Diagramm zweier verschieden geklebter EFPI-Sensoren; Maximale Zugband-Dehnung beträgt 1,027 mm/m; Klebstoff: Panacol-Elosol Vitralit 1517;

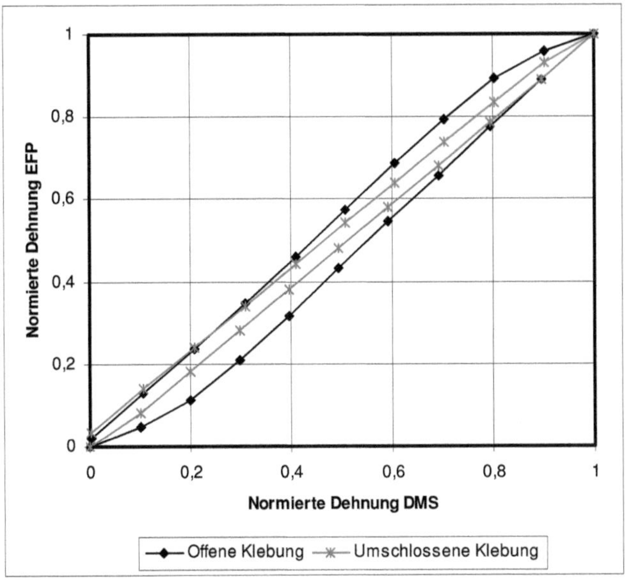

Abb. 4.2-4, Normiertes Dehnungsdiagramm der EFPI-Sensoren aus Abb. 4.2-3 gegenüber den normierten DMS-Messwerten; Klebstoff: Panacol-Elosol Vitralit 1517;

Über die Ursachen für die aufgezeigten EFPI-Kennlinien bieten sich einige Erklärungsvarianten an. Zum einen werden hier im Belastungsfall nicht annähernd vergleichbare Dehnungswerte erzielt, wie sie in der vorherigen Klebung auftraten. Da der Klebstoff aber bereits erfolgreich mit Faser-Bragg-Gitter Sensoren getestet wurde, entfallen Materialeigenschaften (z. B. Elastizitätsmodul) als Einflussgrößen. Vielmehr ist im Haftungsverbund Fasersensor – Zugband der Fehler zu suchen. Angenommen, an den Kontaktflächen von Klebstoff und Stahl oder Klebstoff und Glaskapillare sind Lufteinschlüsse bei der Herstellung entstanden, dann bilden sich lokale Konzentrationen im mechanischen Spannungsfeld. Im Klebstoff würde die homogene Dehnungsverteilung gestört sein.

Tab. 4.2-2, Kenndaten der im Diagramm (Abb. 4.2-3) dargestellten EFPI-Sensoren; Maximale Dehnung tritt bei 6 kN Zugbelastung ein; Größte Hystereseabweichung bezogen auf die normierte Darstellung (Abb. 4.2-4);

Sensorklebung (Vitralit 1517)	**Maximale Dehnung**	**Übertragungs-faktor K**	**Größte Hystereseabweichung**
Offen	0,894	0,870	0,143
Umschlossen	0,751	0,731	0,062

Wenn infolge unzureichenden Haftungsvermögens der Klebstoff von einer Oberfläche ablöst, verhält es sich ähnlich. Ohne den Haftkontakt zu einer Oberfläche sind Klebstoffe auf Grund ihrer Elastizität leicht verformbar. Die Verformbarkeit spiegelt sich schließlich in der Hysterese der Sensorsignale wieder. Es kann jedoch nicht ausgeschlossen werden, dass eventuell ein Schaden am optischen Sensor vorliegt. Denkbar ist, dass die Fixierung eines Faserendes in der Glaskapillare aufbrechen kann. Die Faser wäre teilweise beweglich. Es käme eine zusätzliche Verschiebungskomponente in die Dehnungsmessung hinein.
Es ist bei den EFPI-Sensoren eine Tendenz hinsichtlich der Gestaltung der Klebungen zu erkennen. Die offenen Klebungen übertrugen in mehreren vergleichenden Messungen jeweils die stärkeren Dehnungen (> 10%). Die Übertragungsfaktoren der offen geklebten Sensoren variieren jedoch in ähnlichen Verhältnissen. Im Bezug auf die Hysterese können sie mit FBG-Sensoren vergleichbares Übertragungsverhalten zeigen.

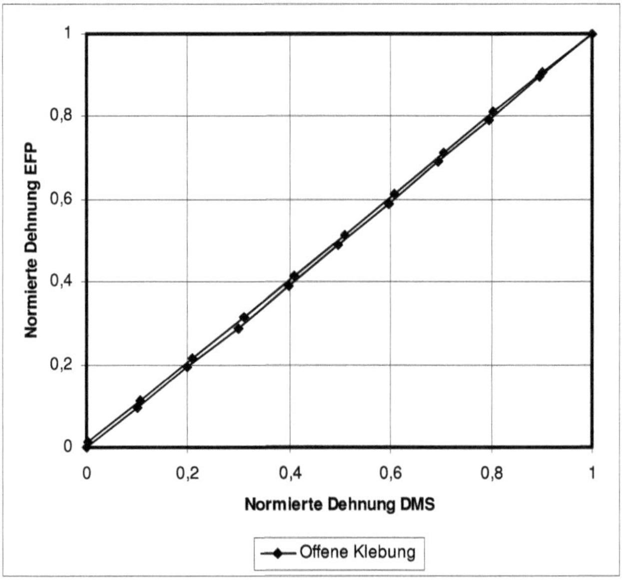

Abb. 4.2-4, Normiertes Dehnungsdiagramm eines EFPI-Sensoren gegenüber der normierten DMS-Dehnung; Klebstoff: Dymax OP-4-20703; Übertragungsfaktor K = 0,962; Hysterese: 0,024;

Die Untersuchung von geklebten Fabry-Pérot-Interferometer Sensoren kann an dieser Stelle noch nicht als abgeschlossen betrachtet werden. Die Erkenntnisse bilden ein vorläufiges Ergebnis, welches anhand weiterer applizierter Sensoren bestätigt werden sollte. Im abschließenden Abschnitt dieser Arbeit (Kapitel 4.5.) werden dazu Untersuchungsansätze entwickelt.

4.3. Prüfung des Analytischen Modells

Der im Kapitel 2.3. getätigte Ansatz für eine rechnerische Beschreibung der Dehnungsübertragung geklebter faseroptischer Sensoren führte zur Gleichung (Gl. 2.3-23). In den untenstehenden Tabellen sind jeweils für Faser-Bragg-Gitter Sensoren und Fabry-Pérot-Interferometer Sensoren die Dehnungen der analytischen Lösungsgleichung in Abhängigkeit von den Eigenschaften des Klebstoffs mit den tatsächlich gemessenen Dehnungen der applizierten Sensoren gegenüber gestellt. Im Lösungsansatz für die FBG-Sensoren wird eine Klebelänge entsprechend des entcoateten Abschnitt der optischen Faser ($l = 40$ mm) angenommen. Weitere Annahmen sind die mittlere Schichtdicke des Klebstoffs unter der Faser ($d_k = 50\mu m$) sowie der Radius der nackten Faser mit $r_f = 62{,}5\ \mu m$.

Tab. 4.3-1, Gegenüberstellung der analytisch bestimmten Sensorausdehnung nach (Gl. 2.3-23) und des gemessenen Dehnungssignals von FBG-Sensoren; Klebstoffkennzahlen nach (Abb. 2.4-5); Für Vitralit 1517 wird $E = 3{\cdot}10^9\ N/m^2$ angenommen;

Klebstoff	Analytische Lösung	Gemessene Dehnung
Dymax OP-4-20703	1,019 mm/m	1,019 mm/m
Loctite Metal Set S2	1,018 mm/m	1,017 mm/m
Panacol-Elosol Vitralit 1517	1,013 mm/m	1,010 mm/m

Die mathematische Beschreibung des Dehnungsübergangs von einem Sensorträger in eine Faser ist somit nicht nur für eingebettete Fasern (in Verbundstoffen) geeignet, sondern erlaubt es, durch entsprechende Korrektur des Transferkoeffizienten k die Berechnung von Dehnungen oberflächenapplizierter FBG-Sensoren.

Tab. 4.3-2, Gegenüberstellung der analytisch bestimmten Sensorausdehnung nach (Gl. 2.3-23) und des gemessenen Dehnungssignals von offen geklebten EFPI-Sensoren; Klebstoffkennzahlen nach (Abb. 2.4-5); Für Vitralit 1517 wird $E = 3{\cdot}10^9\ N/m^2$ angenommen; Transferparameter: $l = 15$ mm, $d_k = 43\mu m$, $r_f = 105\mu m$;

Klebstoff	Analytische Lösung	Gemessene Dehnung
Dymax OP-4-20703	1,000 mm/m	0,988
Loctite Metal Set S2	0,994 mm/m	1,002
Panacol-Elosol Vitralit 1517	0,980 mm/m	0,893

Für feste EFPI-Sensoren ist es möglich mit dem analytischen Modell eine annähernde Berechnung des Dehnungsverhaltens durchzuführen. Da die Applikation von interferometrischen Sensoren noch der Optimierung bedarf, lässt sich abschließend keine verbindliche Aussage hinsichtlich der Eignung treffen.

4.4. Zusammenfassung

Am Anfang sind zwei Arten von faseroptischen Sensoren zur Dehnungsmessung in ihren Konzeptionen, ihrer Funktion und Anwendung erläutert worden. Einerseits gibt es die Faser-Bragg-Gitter Sensoren. Sie sind weitgehend erprobt und werden vielfältig in Sensorsystemen verwendete. Daneben gibt es die interferometrischen Sensoren, deren Einsatz in Anwendungen noch erprobt werden muss.
Der Fokus dieser Arbeit richtet sich auf die Oberflächenmontage von faseroptischen Sensoren mittels geeigneter Klebstoffe. In einem Überblick auf das Gebiet der Klebstoffe mit deren vielfältigen chemischen Systemen ist die Bedeutung der Klebverbindung für die Dehnungsübertragung erörtert worden. Entsprechende Materialparameter und Einflussgrößen (E-Modul, Schichtdicke, Länge der Klebung) wurden erkannt und sind in ihrer Relevanz bewertet worden. In diesem Zusammenhang entstand ein analytisches Modell zur Berechnung der Dehnungsverteilung in Klebschichten. In der Applizierung von Sensoren ist es wichtig, dem äußeren Bereich nichtlineares Dehnungsverhalten zu zuordnen. Dieser Bereich variiert in Abhängigkeit von den genannten Parametern. Das korrespondiert mit den Erkenntnissen, wie sie in Untersuchungen von Autoren verschiedener Fachberichte festgestellt wurden.
Der praktische Abschnitt beschreibt die Entwicklung von Zugproben zur Untersuchung oberflächenapplizierter Sensoren. Die Befestigung erfolgte nach der sorgfältigen Auswahl von Klebstoffen. Sie wurden in Folge zuvor gewonnener Erkenntnisse in ihren Kennwerten als geeignet für eine optimale Dehnungsübertragung angesehen. Die theoretische Auswahl galt es anhand der bewährten Dehnungsmessung mit FBG zu überprüfen.
Beide Sensortypen sind in zyklischen Belastungsversuchen parallel geprüft und in ihrem Signalverhalten dem Dehnungssignal von Dehnungsmessstreifen gegenübergestellt worden. Mit den FBG-Sensoren konnten reproduzierbare Klebungen hergestellt werden. Wiederholte Messungen bestätigten letztlich die Auswahl der Klebstoffe. Die Dehnungsübertragung war gekennzeichnet von geringem Hystereseverhalten. In der Übertragung gab es Dämpfungen durch die Klebschicht. Die Dehnbarkeit der FBG-Sensoren wurde durch das Analytische

Modell bestätigt. Bei größter Belastung der Zugbänder (6 kN, ε_s = 1,027 mm/m) wichen die gemessenen Dehnungen (siehe Abb. 4.3-1) nicht mehr als zwei Prozent ab (K > 0,980).
Das Verhalten applizierter EFPI-Sensoren erwies sich als problematischer. Es können keine abschließenden Aussagen hinsichtlich der Eignung unterschiedlicher Gestaltungsform einer Klebung getroffen werden. Anhand Abb. 4.2-1 lässt sich eine Tendenz erkennen, die für offene Klebungen spräche. Ein EFPI zeigt im Übertragungsverhalten, ähnliche den FBG-Sensoren vergleichbare Messwerte. Jedoch, erst in wiederholten Untersuchungen mit EFPI - von der Applizierung bis hin zur Dehnungsmessung - könnte dies bestätigt werden.

4.5. Ausblick

Im Zusammenhang mit der Untersuchung von Klebstoffen und der Dehnungsübertragung durch Klebschichten, sind nicht alle Fragestellungen zur Mechanik geklärt worden. Wie wirkt sich eine Temperaturveränderung um z. B. zehn Kelvin auf das Dehnungsverhalten von Klebschicht und Sensor aus? Welches Verhalten tritt bei dynamischer Belastung ein? Sind alternative Klebstoffe für die hier präsentierten Untersuchungen vorstellbar?

→ Das thermische Verhalten war in den zurückliegenden Untersuchungen außer Acht gelassen worden. Klebstoffe haben im Vergleich zu Stahl und Glas eine stärkere thermische Ausdehnung (vgl. Tab. 2.4-4 und Tab. 2.4-5). Von Interesse ist hier das Signalverhalten im unbelasteten Zustand mit definierter Temperaturvariation. Die Auswirkung einer Temperaturveränderung auf den Übertragungsfaktor einer Klebung ist zu prüfen. Anzunehmen ist, dass die stärkere Ausdehnung des Klebstoffs gegenüber dem Sensorträger einen Offset im Sensorsignal verursacht.

→ Eine Prüfung des Dehnungsverhaltens bei dynamischer Belastung sollte durchgeführt werden. Hierbei ist die Entwicklung der Dehnungskennlinie über z. B. mehreren Messzyklen hinweg interessant. Auch der Entwicklung der Nullpunktabweichung in der Hysterese ist von Interesse.

→ Die untersuchten Klebstoffe werden nicht als absolute Auswahl für die Applizierung faseroptischer Sensoren verstanden. Es gibt eine unüberschaubare Anzahl an Klebstofftypen. Daher ist es möglich, dass alternative Klebstoffe mit geeigneteren Eigenschaften erhältlich sind. Mit den untersuchten Klebstoffen ist vielmehr eine Basis für die Fortsetzung dieser experimentellen Untersuchung geschaffen.

Die Schlussfolgerungen aus den Versuchen mit den Fabry-Pérot-Interferometer Sensoren und der Art der Klebung müssen statistisch abgesichert werden. Die Frage nach offener oder umschlossener Klebung kann nicht mit Sicherheit beantwortet werden. Zu stark variieren die Übertragungsfaktoren.

→ Die Reproduzierbarkeit der Dehnungsmessung mit EFPI-Sensoren ist von entscheidender Bedeutung. In diesem Zusammenhang gilt es den Klebevorgang zu analysieren. Anschließend ließe sich erneut eine vergleichende Untersuchung anstellen, die mit zuverlässigen Aussagen abzuschließen sei.

→ Die flexible Bauform der EFPI-Sensoren wird in dieser Arbeit nicht beachtet. Hierbei sind andere Randbedingungen für die Klebung zu beachten. Es werden zwei Fixierklebungen gesetzt (vgl. Kap. 2.1.2.), für welche die zuvor beschriebenen Erkenntnisse anzuwenden sind. Interessant ist die Frage nach der Veränderung der Bezugslänge der Dehnungsmessung infolge einer Verformung der Fixierklebungen.

5. Literaturverzeichnis

[1] R. Willsch, W. Ecke: Optische Fasergitter-Sensorsysteme für die Überwachung technischer Anlagen (FAGS); Infobörse Mikrosystemtechnik, Nr.24-2002; www.mstonline.de/medien/download/ib24.pdf ; 09.05.2005

[2] W. R. Habel: Faseroptische Sensoren für hochaufgelöste Verformungsmessungen in der Zementsteinmatrix; Forschungsbericht 246; Bundesanstalt für Materialforschung und –prüfung, Berlin, 2003.

[3] M. N. Trutzel: Dehnungsermittlung mit faseroptischen Bragg-Gitter-Sensoren, Grundlagen, Eigenschaften, Anwendungen; Dissertation; Technische Universität Berlin; 2001.

[4] E. Schlattner, T. Klink, V. Slowik: Faser-Bragg-Sensoren in Bauwerken; Forschungsbericht; Hochschule für Technik, Wirtschaft und Kultur Leipzig (FH), 1999.

[5] D. C. Betz: Application of Optical Fibre Sensors for Structural Health and Usage Monitoring; Dissertation; University of Sheffield, 2004.

[6] L. Yuan, L. Zhou: Sensitivity coefficient evaluation of an embedded fiber-optic strain sensor; Sensors and Actuators A69, pp. 5-11, 1998.

[7] N. G. Olson, C. K. Y. Leung, A. Meng: Mechanical behavior of optical fiber strain sensors; Proceedings of SPIE Vol. 4578, pp. 328-335, 2002.

[8] G. Habenicht: Kleben – erfolgreich und fehlerfrei; 2. Aufl.; Verlag Vieweg, Braunschweig / Wiesbaden, 2001.

[9] G. Fauner, W. Endlich: Angewandte Klebtechnik, Ein Leitfaden und Nachschlagewerk für die Anwendung von Klebstoffen in der Technik; Carl Hanser Verlag, München / Wien, 1979.

[10] Tables of Technical Properties: Mechanical Properties of Stainless Steel; Informationsstelle Edelstahl Rostfrei; www.iser.Insdat.de/daten/Mechanische_Eigenschaften.pdf ; 20.06.2005

[11] M. Schukar: Einsatz von Faser-Bragg-Gitter-Sensoren zur Überwachung von Hochleistungsverbundwerkstoffen; Unveröffentlichter Praktikumsbericht; Fachhochschule für Technik und Wirtschaft Berlin, 2005.

[12] K. Hoffmann: Eine Einführung in die Technik des Messens mit Dehnungsmessstreifen; Hottinger Baldwin Messtechnik GmbH, Darmstadt, 1987.

[13] H.-J. Bartsch: Taschenbuch Mathematischer Formeln; 19. Aufl.; Fachbuchverlag Leipzig, 2001.